中等职业教育教材

动物临床诊疗技术实训教程

张 军

主编

化学工业出版社

·北京·

内容简介

本书应职业教育改革需要和兽医临床实际需要并根据《兽医临床诊疗技术教学大纲》编写，目的是使学生具备基层动物疾病防治员、动物防疫检疫员和饲养管理人员所必需的动物疾病诊断与治疗基本知识和基本技能。本书本着"够用、实用"的原则来处理知识与能力、理论与实践的关系，优化理论与实训内容，突出应用性和实践性。主要以基本知识、基本理论和基本技能为轴线，重点阐述当前临床实践中所需的理论知识和实践操作技术，力求做中教、教中学、做中会，使学生具备胜任应职岗位所需的技术与素质。

本书按照动物保定、临床基本检查法与一般检查、系统临床检查、剖检检查、注射、内服给药、其他治疗 7 个项目进行编写，每个项目又分为若干个技能，内容准确、文字精练、图文并茂，适用于"理论—实践一体化"教学模式。

本书可作为中职畜牧兽医、畜牧、动物检疫等畜牧兽医相关专业基础课程的辅助教材，也可供相关专业人士参考使用。

图书在版编目（CIP）数据

动物临床诊疗技术实训教程/张军主编. -- 北京：化学工业出版社，2024. 11. -- ISBN 978-7-122-33771 -9

Ⅰ. S85

中国国家版本馆 CIP 数据核字第 202450D5Y7 号

责任编辑：王　可　　　　　　　　文字编辑：白华霞
责任校对：张茜越　　　　　　　　装帧设计：张　辉

出版发行：化学工业出版社
　　　　　（北京市东城区青年湖南街 13 号　邮政编码 100011）
印　　装：河北延风印务有限公司
710mm×1000mm　1/16　印张 8¾　字数 129 千字
2025 年 8 月北京第 1 版第 1 次印刷

购书咨询：010-64518888　　　　　售后服务：010-64518899
网　　址：http://www.cip.com.cn

前言

兽医临床诊疗技术是畜牧兽医类专业一门重要的基础临床课程，是培养学生掌握动物疾病诊断、治疗基本方法、基本技术的重要支撑课程，是畜牧兽医类专业的核心课程，在畜牧兽医类专业基础课程与专业临床课程及动物生产课程之间起着承前启后的桥梁作用。

本书为该课程实训教材，本着"够用、实用"的原则来处理知识与能力、理论与实践的关系，优化理论与实训内容，突出应用性和实践性。主要以基本知识、基本理论和基本技能为轴线，重点阐述当前临床实践中所需的理论知识和实践操作技术，力求做中教、教中学、做中会，为学生学习专业知识和职业技能、全面提高素质、增强适应职业变化的能力和继续学习的能力奠定基础。本书面向我国现代兽医职业技术教育和兽医临床实际需要，突出实用性和实践性，尽力为兽医临床岗位提供理论与技术支撑。同时力求反映职业教育特色，诊疗动物以牛、猪、禽、犬为主体，理论到位并有所提升，以体现新成果、新技术。技能技术路线清晰，系统、科学，可操作性强。通过本书的学习，可以培养学生兽医临床诊疗的基本技术，使学生具备识别正常状态和病理状态、对典型病例做出初步诊断和治疗的能力，能基本胜任门诊室、化验室、仪器诊断室、治疗处置室、手术室、兽医室岗位任务。

本书按照动物保定、临床基本检查法与一般检查、系统临床检查、剖检检查、注射、内服给药、其他治疗 7 个项目进行编写，每个项目又分为若干个技能，内容准确，文字精练，图文并茂，适用于"理论—实践—体化"教学模式。

由于时间仓促，加之水平有限，书中难免存在不足，殷切希望广大读者批评指正。

编者
2024 年 7 月

目录

第2篇　临床治疗

第1篇

临床诊断

第1章　动物保定

各种动物应尽可能在其自然状态下进行检查。但为了人畜的安全和更好地诊断和治疗，必须采取一定的限制措施，该限制措施称为保定。

本章主要学习和训练对牛、羊、猪以及犬和猫的保定。

1.1　牛的保定

1.1.1　牛保定的相关知识

大多数牛都比较温顺，比较容易接近，但也有少数牛会有攻击行为。在野外或运动场，牛见到有人靠近时，可能站立不动或贪婪地注视，当距离仅几米时，有些牛会突然出现逃避、摇晃头快跑或攻击人的行为，所以保定人员应从容地从前方或侧前方接近，不应粗暴冒进。当发现牛有低头、眼睛斜视、两耳前倾且神态紧张时，应暂缓接近，亦可先喂些草料或发出"嗷嗷"的声音，以消除其紧张情绪，待其安静后再行保定。

1.1.2　牛保定的方法

牛的保定方法主要有以下几种：徒手保定法、牛鼻钳保定法、两后肢固定法、柱栏保定法、倒卧保定法。

（1）徒手保定

操作：用一只手抓住牛角，另一只手拉鼻绳、鼻环或用拇指、食指和中指捏住鼻中隔加以固定（图1-1-1）。

图1-1-1　牛徒手保定

适用范围：此法适用于一般检查、灌药、肌内注射及静脉注射。

安全注意事项：检查人双手中的一只必须抓住牛角或握住头部，防止牛头部向前冲撞受伤。

（2）牛鼻钳保定

操作：将鼻钳的两钳嘴抵入两鼻孔，并迅速夹紧鼻中隔，用手握持钳柄加以固定（图1-1-2）。

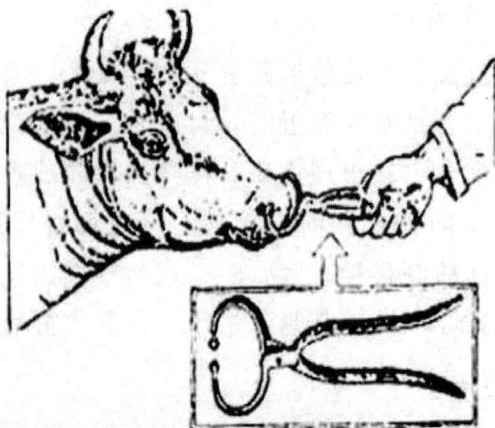

图1-1-2　牛鼻钳保定

适用范围：此法可用于一般检查、灌药、肌内注射及静脉注射。

安全注意事项：在松手时，不能两个钳柄同时撤离，以免鼻钳甩出伤人。

（3）两后肢固定

操作：取长 2～3m、直径 1～1.5cm 的保定绳，折成等长两段，于腹部形成绳套，然后慢慢滑至两后肢飞节之上，绳头由一人牵住向一侧拉紧即可（图1-1-3）。

适用范围：两后肢保定适用于一般检查、灌肠、肌内注射、静脉注射；也可用于乳房、子宫及阴道疾病的治疗等。

安全注意事项：两后肢应靠拢后保定，防止牛扬蹄致人受伤。

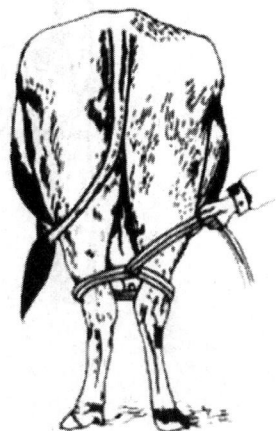

图 1-1-3　两后肢固定

（4）柱栏保定

牛的柱栏保定方法有二柱栏保定、四柱栏保定、五柱栏保定、六柱栏保定及简单的栅栏旁保定等。

① 二柱栏保定。将牛牵至二柱栏前柱旁，令其靠近柱栏；先将缰绳系于柱栏横梁前端的铁环上，再打颈部活结使颈部固定于前柱上；然后用一条长绳于前柱至后柱的挂钩上水平环绕做一围绳，将牛围在前后柱之间；最后用绳在胸部或腹部做上下、左右固定，分别在鬐甲和腰上打活结。必要时可用一根长竹竿或木棒从右前方向左后方斜过腹，前端在前柱前外侧着地，后端斜向后柱挂钩下方，并在挂钩处加以固定（图1-1-4）。

② 五柱栏保定。装系两前柱间的前带（胸带）；将牛牵至柱栏内，先将缰绳系于柱栏横梁前端的铁环上，打颈部活结使颈部固定于前柱上，装好两后柱间后带（尾带）即可保定（图1-1-5），需要时可装背带和腹带。解除保定的顺序是：先解除背带和腹带，再解开缰绳和前带，让牛从前柱间离开。

适用范围：柱栏保定法可用于临床检查、各种注射及颈、腹、蹄等部位疾病的治疗。

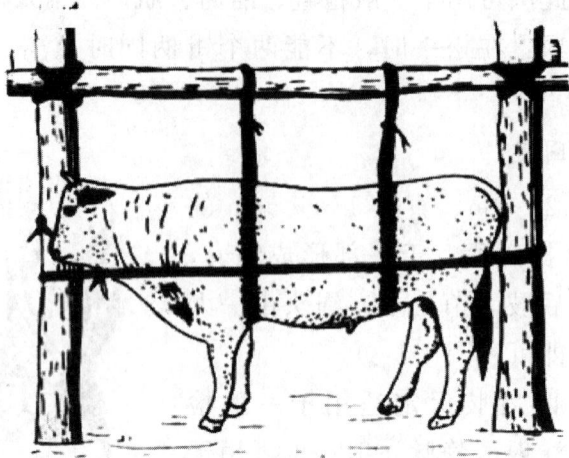

图 1-1-4　牛二柱栏保定

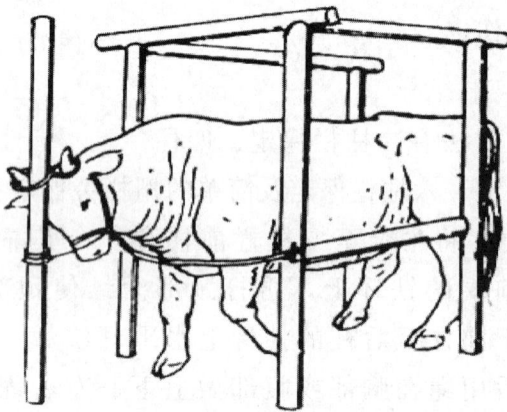

图 1-1-5　牛五柱栏保定

安全注意事项：柱栏内保定，检查人相对较安全，但应注意保定的结，应当使用活结，防止牛剧烈活动受伤。

（5）倒卧保定

① 拉提前肢倒牛法。畜主或助手徒手保定牛的头部；保定人员取一条长 10m 的绳子，折成一长一短，于折弯处做一套结，套于预倒卧侧的前肢的系部。将短端经牛腹下送至对侧并绕过肩部返回同侧，交由一助手拉住；长端向上从臀部绕住两后肢，交另一助手牵引。保定头部的人员将牛向前牵拉，当牛抬起倒卧侧前肢时，助手拉紧短绳并下压，同时助手将

臀部的绳套下移，紧缚两后肢并用力向后拉，前后合用力，牛即可倒卧。倒卧后及时按住牛的头部，并将其前后肢绑在一起即可（图1-1-6）。

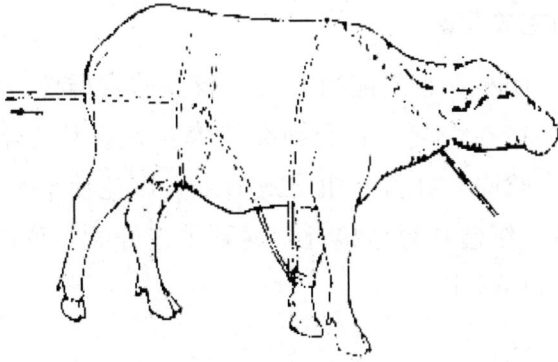

图 1-1-6 拉提前肢倒牛法

② 背腰缠绕倒牛法。由一人抓住牛鼻环和牛角；取一条长约15m的绳子，一端拴在牛的两角根处，将绳沿非卧侧颈部向后牵引，在肩胛后角处环胸绕一周做成第一个绳套；继续向后牵引至胶部，绕腹部一周做成第二个绳套；绳的游离端交由2～3人用力向后拉，牵牛者把持牛角并使牛头向下倾斜，牛后肢屈曲而自行倒卧。向倒卧侧压住牛头，捆绑四肢固定即可（图1-1-7）。

图 1-1-7 背腰缠绕倒牛法

适用范围：主要用于去势及其他外科手术。

安全注意事项：在牛倒卧过程中，用力要均匀和缓，防止用力过猛，使牛突然倒地后摔伤；头部应有专人辅助，防止牛头部突然着地。

1.2　羊的保定

1.2.1　羊保定的相关知识

羊性情温驯、胆小，自卫能力差，有较强的合群性。受到侵扰时，往往会互相依靠和拥挤在一起，若受到突然惊吓，容易"炸群"。所以接近羊时不应对羊高声吆喝、扑打、粗暴地追赶，以免使羊受到惊吓。可发出"咩咩"的呼唤声，缓慢从容地接近，遇到羊走开时，可以手拿草料引诱，消除其紧张情绪后再保定。

1.2.2　羊保定的方法

羊保定的方法主要有站立保定和倒卧保定。

图 1-1-8　羊的站立保定

（1）站立保定

两手握住羊的两角，跨骑羊身，以大腿内侧夹持羊两侧胸壁即可保定（图 1-1-8）。

适用范围：用于一般检查或治疗。

安全注意事项：对于无角的羊只，可以双手固定其耳部或头部，防止羊只倒退逃跑致使保定失败。

（2）倒卧保定

羊进行卧倒时，保定人员右手提起羊的右后肢，左手抓在羊的右侧膝皱襞；保定者用膝抵在羊的臀部，左手用力提拉羊的膝部，右手配合将羊放倒，然后捆住四肢（图 1-1-9）。或保定者俯身从对侧一手抓住两前肢系部或抓一前肢臂部，另一手抓住腹肋部膝襞处，扳倒羊体，然后改抓两后肢系部，前后一起按住即可（图 1-1-10）。

适用范围：此法可用于治疗或简单手术。

安全注意事项：倒羊过程动作要和缓，防止羊摔伤。

图 1-1-9 倒羊法

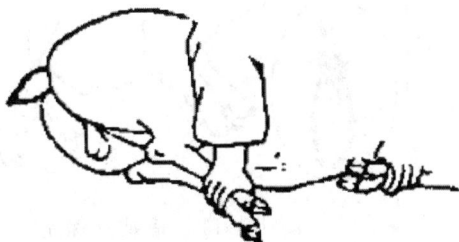

图 1-1-10 羊的倒卧保定

1.3 猪的保定

1.3.1 猪保定的相关知识

猪的听觉灵敏，贪食性强，可利用猪贪食的特性，给予少许食物，待其采食时接近保定。

1.3.2 猪保定的方法

猪保定的方法主要有站立保定、提举保定和保定架保定。

（1）站立保定

抓住猪的两耳，使其呈自然站立状态，同时用两腿夹住其颈胸部，或在绳的一端做一活套（单活结），使绳套自猪的鼻端滑下，套入上颌犬齿后收紧，然后由一人拉紧保定绳或拴于木桩上，达到力量的平衡后即可保定（图 1-1-11）。

适用范围：用于一般检查、灌药、注射等。

（2）提举保定

一般采用倒提保定，即提举后肢保定，保定者两手握住猪后肢飞节并将其后躯提起，再用两腿夹住猪的胸背部即可固定（图 1-1-12）。

适用范围：用于直肠脱垂及阴道脱垂的整复、腹腔注射以及阴囊和腹股沟疝手术等。

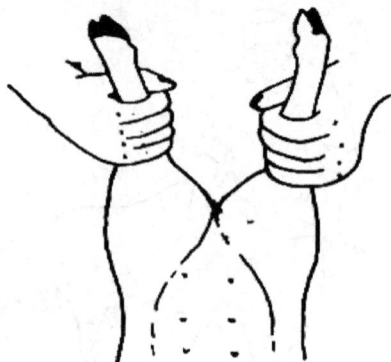

图 1-1-11　猪站立保定　　　　图 1-1-12　猪倒提保定

（3）保定架保定

可按照猪的大小自行制作一个 V 形架，然后将猪置于架上。根据临床需要，可以趴卧保定，也可以仰卧保定（图 1-1-13）。

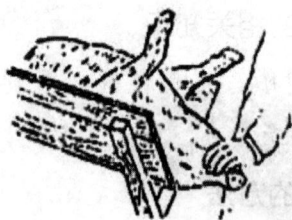

(a)趴卧保定　　　　　　　　(b)仰卧保定

图 1-1-13　猪保定架保定

适用范围：可用于一般检查、静脉注射及腹部手术等。

1.4　犬和猫的保定

1.4.1　犬和猫保定的相关知识

犬、猫大都反应灵敏，虽经过人工驯养，但有时仍会表现出野性，出现攻击人的行为，因此接近时要格外小心。犬、猫对主人有较强的依赖性，所以接近犬、猫时最好有主人在场。接近前首先向其发出接近信号，以引起其注意，然后从其前方徐徐行至前侧方的视野内，接近的同时注意观察其反应。接近后用手掌轻轻抚摸其头部或背部，待其安静后再进行保定。

1.4.2 犬保定的方法

犬保定的方法主要有扎口保定、站立保定、横卧保定、伊丽莎白项圈保定和体架保定。

（1）扎口保定

对于嘴长的品种，用绷带在犬的上下颌缠绕两圈后收紧，交叉绕于颈项部打结，以固定犬嘴，使其不能张开（图 1-1-14）。对于嘴短的品种，可先在绳中间打个死结形成绳套，置于鼻上正中，同样在犬的上下颌缠绕两圈后收紧，交叉绕于颈项部打结，然后一绳游离端向前穿过绳套，向后与另一绳端打个活结即可（图 1-1-15）。

图 1-1-14　长嘴犬扎口保定　　　　　图 1-1-15　短嘴犬扎口保定

适用范围：用于犬的一般检查。

（2）站立保定

将犬放在一台子上，保定人员面向犬站在一侧，一手臂从犬的颈部下方揽住头颈部，另一手臂从犬的背部上方向下绕过，以揽住犬的躯干部（图 1-1-16）。

适用范围：用于犬的一般检查、静脉注射后的看护等。

安全注意事项：此种保定方法最好由畜主本人操作，保定的确实性与犬的性情有极大关系。

（3）横卧保定

先将犬做扎口保定，然后两手握住犬两前肢的腕部和两后肢的跖部，使犬背向保定人员侧卧，然后保定者以手臂压住犬的颈部，即可保定（图 1-1-17）。

(a)   (b)

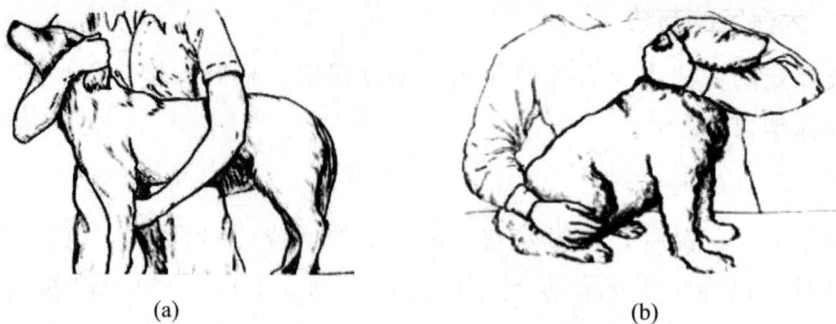

图 1-1-16　犬的站立保定

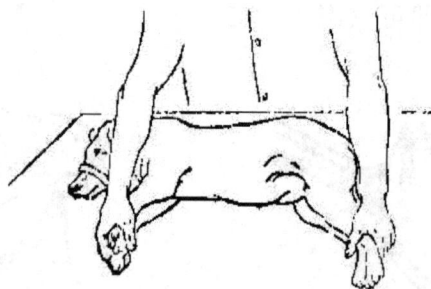

图 1-1-17　犬横卧保定

适用范围：用于临床检查和治疗。

（4）伊丽莎白项圈保定

伊丽莎白项圈可购买成品或自制。自制方法是选择硬纸板或硬塑料片，根据犬的体格大小来确定尺寸并制成扇面形（图 1-1-18）。保定时用胶带固定即可（图 1-1-19）。

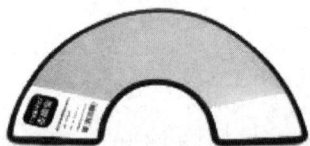

图 1-1-18　伊丽莎白项圈　　　　图 1-1-19　犬伊丽莎白项圈保定

适用范围：该方法可用于术后护理、受伤护理、防止相互舔咬、皮肤病用药后预防舔药、肌内注射或静脉注射。

（5）体架保定

用金属或木材按照犬种的体型制作大小合适的架子，配合使用绷带（图1-1-20）。

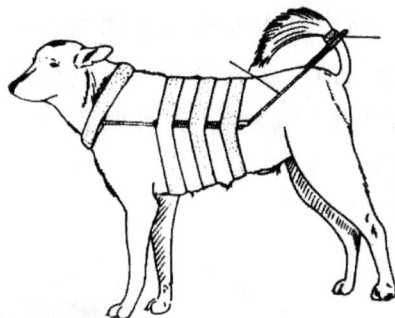

图1-1-20 犬体架保定

适用范围：适合保护体躯（包括腹、胸、肛门区）和后肢的跗关节以上区域。特别适用于胸腹手术恢复期的犬，也可用于尾固定，如会阴瘘、会阴肿等病的治疗，尾提高有助于通气、排液或药物处理。

安全注意事项：本法对犬的头、颈和前肢不产生效果，应防止被其咬伤。

1.4.3 猫保定的方法

猫保定的主要方法有徒手保定、猫袋保定、仰卧四肢保定等。

（1）徒手保定

先轻轻抚摸猫的脑门或背部以消除其敌意，然后一手抓起颈部及背部皮肤，另一手托起猫的腰荐部或臀部，使猫的腹壁朝前、猫的大部分体重落在托臀部的手上（图1-1-21），性烈的猫可同时用另一只手抓住猫的四只爪子（图1-1-22）。

图1-1-21 猫徒手保定

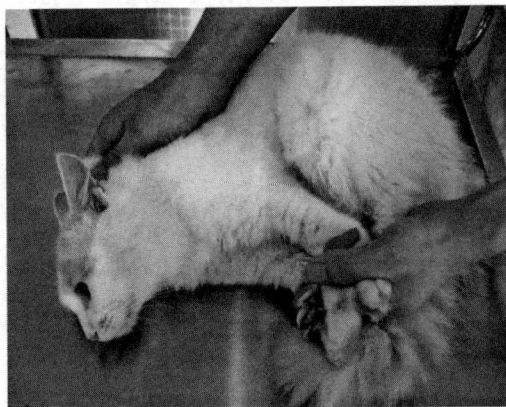

图1-1-22 猫四爪全握徒手保定

适用范围：用于一般检查或注射。

（2）猫袋保定

猫袋可用人造革或粗帆布缝制，布的两侧缝上拉锁，将猫装进去后，拉上拉锁，变成筒状；布的前端装一根能抽紧及放松的带子，把猫装入猫袋后先拉上拉锁，再抽紧袋口，完成保定（图1-1-23）。

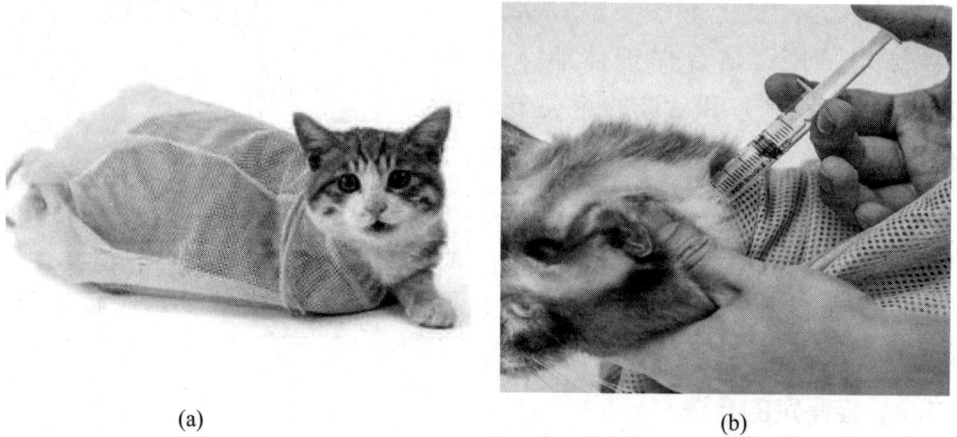

(a)   (b)

图 1-1-23 猫袋保定

适用范围：猫袋保定可露出猫的一条后肢及肛门进行猫体温的测定，也可进行灌肠、注射等治疗操作。

（3）仰卧四肢保定

将猫仰卧放置于桌面或板凳面，每桌腿绑一条腿即可将其保定。

适用范围：可用于皮下注射、肌内注射等操作（图1-1-24）。

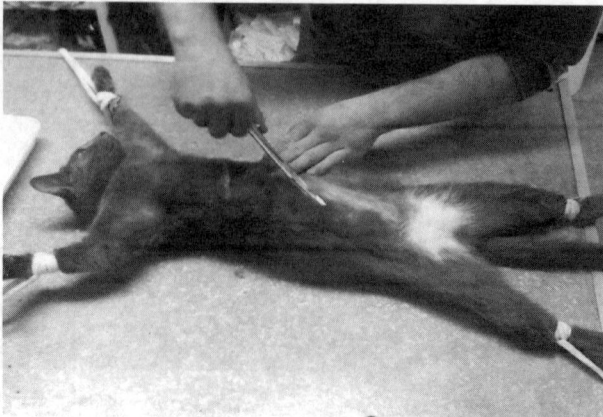

图 1-1-24 仰卧四肢保定

保定动物的要求如下。

① 简单易行，就地取材或利用自然条件，经济实惠。

② 保定必须安全可靠，以保障人畜安全，但防止对动物采取粗暴行为。

③ 为达到检查目的，保定不能影响生理指标或给检查造成困难。

④ 保定时，所有结都应打活结，便于解开，防止意外事故发生。

第2章 临床基本检查法与一般检查

兽医临床诊断实施过程中，首先需要通过整体及一般检查，了解疾病的基本情况，以便提供诊疗方向，从而更加深入和具体地开展相关系统的疾病诊断工作。其检查的内容包括动物全身状态、被毛和皮肤状态、眼结膜、浅表淋巴结，以及体温、脉搏数与呼吸数等。相应地，每个检查内容都需要借助一定的检查技术和手段，才能得到客观全面的检查结果。

2.1 临床基本检查法

2.1.1 临床基本检查法的相关知识

临床基本检查法包括：问诊、视诊、触诊、听诊、叩诊和嗅诊。临床基本检查法具有以下优点：一是方法简单易行，不需要昂贵的仪器设备，借助于简单的器械和检查者的感觉器官就可施行；二是在任何场所，对任何动物都可普遍应用；三是能直接地、较准确地观察和判断病理变化。

2.1.2 临床检查的基本方法

（1）问诊

问诊就是向畜主或饲养管理人员调查，询问与患病动物发病有关的情况。

① 方法。采用交谈或问题式询问。一般在着手检查病畜前进行，也可边检查边询问。

② 内容。

a. 现病史：本次发病的时间、地点；发病后的主要表现及经过；畜群及相邻饲养场动物发病情况；对发病原因的估计；已经采取的治疗措施与效果。

b. 既往病史：患病动物及动物群过去发病情况，即以往发生过哪些病；是否发生过与本次发病相类似的疾病；曾发病的经过和结局如何。

c. 饲养管理情况：日粮的组成与质量；饲喂制度和方式。

d. 卫生防疫情况：畜舍卫生及环境条件；平时消毒措施；预防接种情况及有关流行病学情况的调查。

e. 生产性能：肥育动物要了解动物生长速度；产蛋禽要了解产蛋量；乳畜应了解产奶量；役畜应了解使役情况等。

③ 注意事项。

a. 语言要通俗易懂，态度要和蔼，要取得饲养及管理人员的大力配合。

b. 在内容上既要全面收集信息，又要重点突出。

c. 对问诊所得到的材料，应客观对待，不要简单地肯定或否定，应结合现症检查结果进行综合分析，更不要单纯依靠问诊而草率做出诊断或给予处方、用药。

（2）视诊

视诊是指通过肉眼或借助于简单器械观察动物及动物群的各种外在表现的检查法。视诊可以了解病畜的一般情况，判明局部病变的部位、形状及大小。

① 方法。视诊可分为个体视诊和群体视诊。

视诊时，一般先不要过于接近病畜，应位于动物左前方 $1 \sim 1.5 m$ 处，也不宜进行保定，应尽量使动物保持自然的姿势。检查者首先观察其全貌，然后由前向后，从左到右，边走边看，观察病畜的头、颈、胸、腹、脊柱、四肢。当到正后方时，应注意尾、肛门及会阴部，并对照观察两侧胸、腹部是否有异常。为了观察运动过程及步态，可进行牵遛。最后再接近动物，进行局部检查。

② 应用范围。

a. 外貌、体格、发育、营养及躯体结构等的观察。

b. 精神状态、姿势、运动与行为等的观察。

c. 被毛、皮肤及体表病变等的观察。

d. 可视黏膜及与外界直通的体腔等的观察。

e. 某些生理活动情况，如呼吸、采食、咀嚼、吞咽、反刍与嗳气、排尿与排粪等动作的观察。

f. 病畜排出的分泌物、排泄物及其他病理产物的数量、性状与混杂物等的观察。

③ 注意事项。

a. 对初来门诊的病畜，应让其稍事休息，待其呼吸平稳，适应新的环境后再进行检查。

b. 最好在有自然光照的场所进行。

c. 收集症状要客观全面，不要单纯根据视诊所见的症状做出诊断，要结合其他检查方法的结果，进行综合分析与判断。

（3）触诊

触诊就是利用检查者的手或借助检查器具触压动物体，根据感觉和动物的反应，判断组织器官有无异常变化的一种检查法。

① 方法及应用范围。

a. 浅表触诊法。一手轻放于被检部位，以手掌或手背接触皮肤，轻柔滑动触摸（图 1-2-1）。

适用于检查体表的关节、肌肉、肌腱及浅在血管、骨骼等，以感觉其温度、湿度、肿块的硬度与性状及其敏感性等。

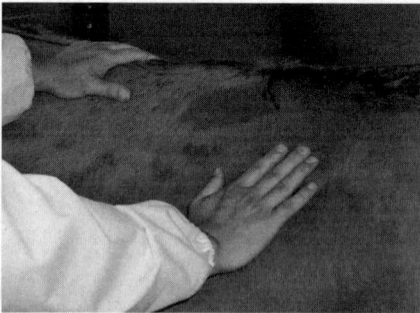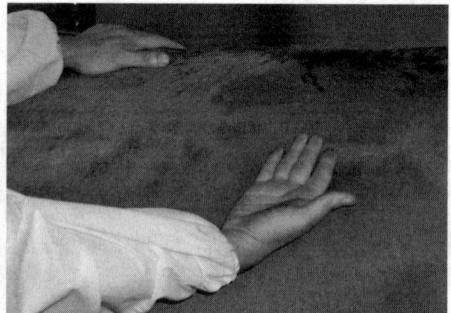

(a)　　　　　　　　　　　(b)

图 1-2-1　浅表触诊法

b. 深部触诊法。双手按压法：以两手于被检部位从左右或上下两侧同时加压，逐渐缩小两手间的距离，感知内脏器官或内容物的性状。可用于检查中、小动物内脏器官状态及其内容物的性状，也可用于大动物颈部食道及气管的检查。

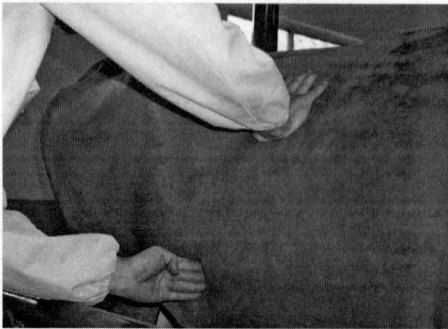

图 1-2-2　插入触诊法

插入触诊法：以一指或几个并拢的手指，沿一定部位用力插入或切入触压，以感知内部器官的性状和压痛点（图 1-2-2）。适用于肝、脾、肾脏的外部触诊检查。

　　冲击触诊法：以拳或并拢的手指，置于腹壁相应的被检部位，做2～3次急速、连续、强而有力的冲击，以感知腹腔深部器官的性状与腹腔积液状态。适用于腹腔积液及瘤胃、皱胃内容物性状的判定。当腹腔积液时，在冲击后感到有回击波或振水音。

　　除上述外部触诊法，对大动物还可进行直肠检查以及食道、尿道的探诊等，这些属内部触诊。

　　② 触诊常见的病变。

　　a. 捏粉样。又称面团样，触压时柔软，如压生面团，指压时形成凹陷或留有压痕，移去手指后慢慢变平。多见于皮下水肿，常发生于眼睑、胸前、四肢、腹下等部位，表明皮下组织内有浆液浸润。也可见于心脏疾病、肾脏疾病、血液疾病及营养不良等。胃肠内容物积滞时也会出现捏粉样，如瘤胃积食时瘤胃内容物的性状。

　　b. 波动感。触压病部时，感觉柔软而有弹性，指压不留痕，进行间歇性压迫或将其一侧固定，从对侧加以冲击时内容物呈波动样改变。为组织间有液体滞留的表现，常见于脓肿、血肿、大面积淋巴外渗等。

　　c. 气肿感。触压病部时，柔软稍有弹性，并随触压而有气体向邻近组织窜动感，同时可听到捻发音。为组织间有气体积聚的表现，常见于皮下气肿、气肿疽等。

　　d. 坚实感。触压病区时，感觉坚实致密，如触压肝脏一样，见于蜂窝织炎、组织增生及肿瘤等。

　　e. 硬固感。触压病部时感觉组织坚硬，如触压骨、石块一样，常见于尿道结石、骨瘤等。

　　f. 疼痛（敏感）。触压到病部时，病畜出现皮肌抖动、回顾、躲避或抗拒等动作。

　　③ 注意事项。

　　a. 注意安全，应了解被检动物的习性及有无恶癖，并在必要时进行保定；当需触诊马、牛的四肢及腹下等部位时，要一只手放在畜体的适宜部位（检查前肢多支撑在肩胛部，检查后肢多支撑在髋结节部）做支点，用另一只手进行检查；并从前往后、自上而下地边抚摸边接近欲检部位，切勿直接突然接触。

　　b. 检查某部位的敏感性时，宜先健区后病部，先轻后重，并注意与对应部位或健区进行对比；注意不要使用能引起病畜疼痛或妨碍病畜表现反应动作的保定方法。

（4）听诊

听诊是以听觉听取动物体内某些器官活动所产生的声音，并根据声音的特性判断其机能活性及物理状态的一种检查方法。

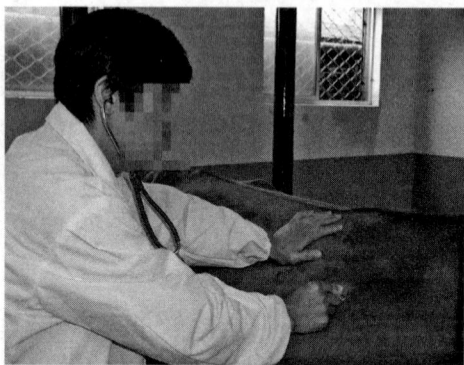

图 1-2-3　间接听诊法

① 方法。

a. 直接听诊法。先在动物体表上放一听诊布，然后检查人员用耳紧贴于动物体表的欲检部位进行听诊，检查者可根据检查的目的采取适宜的姿势，现在兽医临床应用较少。

b. 间接听诊法。即借助听诊器在欲检器官的体表相应部位进行听诊（图 1-2-3）。

② 应用范围。

a. 听取心音。

b. 听取喉、气管及胸肺部生理或病理活动的声响。

c. 听取胃肠的蠕动音。

③ 注意事项。

a. 为了排除外界声响的干扰，应在安静的室内进行。

b. 听诊器两耳塞与外耳道相接要松紧适当，过紧或过松都影响听诊的效果，听诊器集音头要紧密地贴在动物欲查部位的体表，并防止滑动。听诊器的软管不应交叉，也不要与手臂、衣服、动物被毛等接触、摩擦，以免发生杂音。

c. 听诊时要聚精会神，同时要注意观察动物的活动与动作，如听诊呼吸音时，要注意呼吸动作；听诊心脏时，要注意心搏动等。并注意与传导来的其他器官的声音相区别。

d. 听诊胆小易惊或性情暴烈的动物时要由远而近地逐渐将听诊器集音头移至听诊区，以免引起动物反抗。

e. 听诊过程中需注意人畜安全。

（5）叩诊

叩诊是对动物体表某一部位进行叩击，使之振动并产生声响，并根据产生声响的性质，判断被叩击部位及其深部器官的物理状态，间接地确定该部位有无异常的检查法。

① 方法。

a. 直按叩诊法。用手指或叩诊锤直接向动物体表的一定部位进行叩击。

b. 间接叩诊法。分为指指叩诊法与锤板叩诊法。

指指叩诊法：通常以左手的中指紧贴在被检查的部位上（用作叩诊板），其他手指稍微抬起，勿与体表接触；用右手中指第二指关节处呈90°屈曲状作叩诊锤，并以右腕作轴而上、下摆动，用适当的力量垂直地向左手中指的第二指节处进行叩击，听取所产生的叩诊声响。主要用于中、小型动物的叩诊（图1-2-4）。

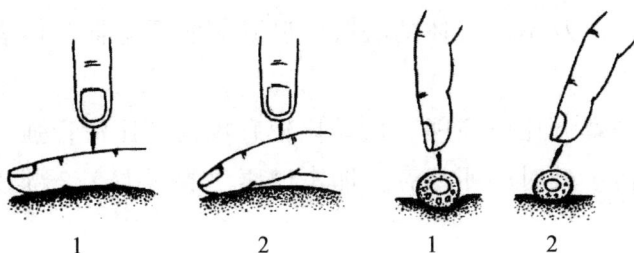

图 1-2-4　指指叩诊法
（1为正确叩诊，2为错误叩诊）

锤板叩诊法：即用叩诊锤和叩诊板进行叩诊。一般以左手持叩诊板，将其紧密地放于欲检查部位的体表；用右手持叩诊锤，以腕关节作轴，将锤上下摆动并垂直地向叩诊板连续叩击2～3次，以听取其声响。通常适用于大型家畜胸、腹部检查。

② 应用范围。

a. 直接叩诊主要用于检查鼻旁窦、喉囊以及检查马属动物的盲肠和反刍动物的瘤胃，以判断其内容物性状、含气量及紧张度。

b. 间接叩诊主要用于检查肺脏、心脏及胸腔的病变；也可用于检查肝、脾的大小和位置以及靠近腹壁的较大肠管内容物性状。

c. 叩诊可作为一种刺激，判断被叩击部位的敏感性；叩诊时除注意叩诊音的变化外，还应注意锤下抵抗力。

③ 叩诊音。

叩诊音的高低、强弱、持续时间的长短，受被叩击部位及其深部脏器的致密度、弹性和含气量的多少，邻近器官的含气量和距离，叩击力量的轻重，以及脏器与体表的距离等因素的影响。

动物体表叩诊时通常可能产生五种叩诊音，即清音、过清音、鼓音、半浊音和浊音。其中清音、浊音和鼓音是基本叩诊音，其余两种为过渡声响。

清音是一种振动时间较长、比较强大而清晰的叩诊音，表明被叩击部位的组织或器官有较大弹性，并含有一定量的气体。叩诊健康动物正常肺部呈清音。

浊音是一种音调高、声音弱、持续时间短的叩诊音，表明被叩击部位的组织或器官柔软、致密、不含空气且弹性不良。叩诊健康动物厚层肌肉部位（如臀部）以及不含气体的心脏、肝脏等实质脏器与体表直接接触部位呈浊音。

鼓音是一种音调比较高朗、振动比较有规则，比清音强，持续时间亦较长，类似敲击小鼓时的叩诊音。叩击健康牛瘤胃上 1/3 部或马盲肠基部呈鼓音。

半浊音是介于清音与浊音之间的过渡声响，表明被叩击部位的组织或器官柔软、致密、有一定的弹性且含有少量气体。叩击健康动物肺区边缘、心脏相对浊音区呈半浊音。

过清音是一种介于清音与鼓音之间的过渡声响，音调较清音低，声响较清音强。表明被叩击部位的组织或器官内含有大量气体，但弹性较弱。叩击健康动物额窦、上额窦呈过清音。

当被叩击部位及其深部器官的致密度、弹性与含气量等物理状态发生病理性改变时，其叩诊音也会发生相应的病理性变化。如当肺部发生炎性渗出、实变、肿瘤等病变，使肺组织变得致密、丧失弹性、不含气体时，则叩诊音转为浊音；当动物患肺气肿时，肺组织含气量增多，弹性减弱，叩诊时呈过清音；当额窦内有炎性渗出物或脓液积聚时，则叩诊时呈浊音。

④ 注意事项。

a. 叩诊时用力的强度，不仅可影响声音的强弱和性质，同时也可决定振动向周围与深部的传播速度。因此，用力的大小应根据检查的目的和被检器官的解剖特点来决定。对深部的器官、部位及较大的病灶宜用强叩诊，反之宜用轻叩诊。

b. 为便于集音，叩诊最好在适当的室内进行；为有利于声响的积累，每一叩诊部位应进行2～3次间隔均等的同样叩击。

c. 叩诊板或作叩诊板用的手指应紧密地贴于动物体壁的相应部位上，对瘦弱动物应该注意勿将其横放于两条肋骨上；对毛用羊应将其被毛拨开。

d. 叩诊板勿用强力压迫体壁，除叩诊板（指）外，其余不应接触动物的体壁，以免影响振动和声响。

e. 叩诊锤应垂直地叩在叩诊板上；叩诊锤或用作锤的手指在叩击后应迅速离开。

f. 为了均等地掌握叩诊的用力强度，叩诊的手应以腕关节作轴，轻松地上、下摆动进行叩击，不应强加臂力。

g. 在相应部位进行对比叩诊时，应尽量做到叩击的力量、叩诊板的压力以及动物的体位等都相同。

h. 叩诊时易发生锤板的特殊碰击声，因此叩诊锤的胶皮头要注意及时更换。

（6）嗅诊

嗅诊是借助于嗅觉检查动物的分泌物、排泄物、呼出气及皮肤气味等的一种方法。

① 方法。检查者用手将动物散发的气味扇向自己鼻部，然后判定气味的特点与性质。

② 应用范围。

a. 呼出气、皮肤、乳汁及尿液带有似烂苹果散发出的丙酮味，常提示牛、羊酮病。

b. 呼出气和流出的鼻液有腐败臭味，可怀疑支气管或肺脏发生坏疽性病变。

c. 皮肤、汗液有尿臭味，常提示尿毒症。

d. 呕吐物出现粪臭味，可提示长期剧烈呕吐或肠梗阻。

2.2 全身状态的检查

2.2.1 精神状态检查

主要观察动物的神态，根据动物面部表情、眼和耳的活动及其对外界刺激的各种反应、举动进行判定。

（1）正常状态

健康动物表现为头耳灵活，眼睛明亮，反应迅速，动作敏捷，毛、羽平顺有光泽。幼龄动物则显得活泼好动。

（2）病理状态

精神异常可表现为抑制或兴奋。

① 抑制状态。一般动物表现为双耳耷拉，头低下，眼半闭，行动迟缓或呆然站立，对周围刺激反应迟钝，重则可见嗜睡甚至昏迷。而禽类则表现为羽毛蓬松，垂头缩颈，两翅下垂，闭目呆立（图1-2-5）。可见于各种发热性疾病、消耗性疾病和衰竭性疾病等。

② 兴奋状态。轻者左顾右盼，惊恐不安，竖耳刨地；重者不顾障碍前冲后退，狂躁不驯或挣扎脱缰。牛可哞叫或摇头乱跑；猪则有时伴有痉挛与癫痫样动作，严重时可见攀登饲槽，跳越障碍，甚至攻击人畜。可见于脑及脑膜炎症、中暑及某些中毒病。图1-2-6所示为病犬精神兴奋。

图1-2-5 病鸡精神抑制　　图1-2-6 病犬精神兴奋

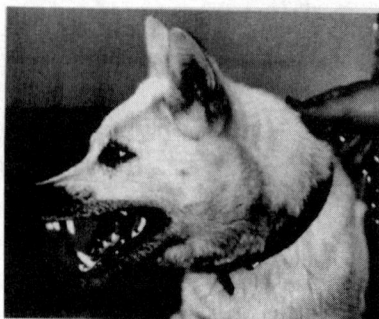

2.2.2 营养状况检查

主要根据肌肉的丰满度、皮下脂肪的蓄积量及被毛情况而判定。确切测定应称量体重。

（1）正常状态

健康动物表现为肌肉丰满、皮下脂肪充盈、骨骼棱角不显露、被毛光顺，也称为营养良好。

（2）病理状态

① 营养不良。动物表现为消瘦、骨骼显露明显、被毛粗乱无光、皮肤松弛缺乏弹性。常见于消化不良、长期腹泻、代谢障碍、慢性传染病和寄生虫病等。

② 营养过剩。即肥胖，表现为体内中性脂肪积聚过多，体重增加。多因饲养水平过高、运动不足或内分泌紊乱而引起，如肥胖母牛综合征、肾上腺皮质功能亢进、甲状腺功能减退等。

2.2.3　发育状况检查

主要根据骨骼的发育程度及躯体的大小而确定。必要时应测量体长、体高、胸围等体尺并对照品种特征而确定。

（1）正常状态

健康动物发育良好，躯体发育与年龄相称，符合品种特征，肌肉结实，体格健壮。

（2）病理状态

发育不良的病畜多表现为躯体矮小，发育程度与年龄不相称，幼畜多呈发育迟缓甚至发育停滞。

2.2.4　躯体结构状况检查

主要根据动物的头、颈、躯干及四肢、关节各部的发育情况及其形态比例关系进行判定。

（1）正常状态

健康动物的躯体结构紧凑而均匀，各部的比例适当、协调。

（2）病理状态

① 单侧耳、眼睑、鼻唇松弛、下垂而致头面歪斜，是面部神经麻痹的表现。

② 头大、颈短、面骨膨隆、胸廓扁平、腰背凹凸、四肢弯曲、关节

粗大等多为骨软症或幼畜佝偻病的特征。

③ 腹围极度膨大、肋部胀满提示反刍动物的瘤胃膨气或马、骡的肠膨气。

④ 马因鼻唇部浮肿而引起类似河马头样病变形态，常为出血性紫癜（血斑病）的特征。

⑤ 猪的鼻面部歪曲、变形，应提示传染性萎缩性鼻炎等。

2.2.5 姿势与步态的检查

主要观察病畜表现的姿态特征。

（1）正常姿态

健康动物姿态自然，且不同种类动物通常各有特点。

马多站立，常轮流歇其后蹄，偶尔卧下，但闻吆喝声即起。牛站立时常低头，食后喜四肢集腹下而卧，起立时先起后肢，动作缓慢。羊、猪于食后好躺卧，有生人接近时迅即起立、逃避。

（2）异常姿态

① 全身僵直。表现为头颈挺伸，肢体僵硬，四肢关节不能屈曲，尾根挺起，典型的木马样姿势，可见于破伤风。

② 异常站立姿势。病马两前肢交叉站立而长时间不改换，提示脑室积水。鸡呈两腿前后叉开，常为鸡马立克氏病的特征。病畜单肢悬空或不敢负重，提示肢蹄疼痛。两前肢后踏、两后肢前伸或四肢集向腹下，为多肢疼痛的表现，应注意蹄叶炎。

③ 站立不稳。躯体歪斜或四肢叉开、依墙靠壁而站立，常为共济失调与躯体失去平衡的表现，可见于脑病或中毒；鸡呈扭头曲颈，甚至躯体滚转，应注意鸡新城疫、复合维生素 B 缺乏症或呋喃类药物中毒。

④ 骚动不安。骚动不安是腹痛的特有表现。马、骡可表现为前肢刨地、后肢踢腹、回视腹部、伸腰摇摆、时起时卧、起卧滚转呈犬坐姿势或呈腹朝天等。牛、羊可见以后肢踢腹动作。

⑤ 异常躺卧姿势。病畜躺卧而不能起立，常见于多肢的瘫痪或疼痛性疾病以及重度软骨症；如伴有痉挛与昏迷常提示为脑及脑膜的重度疾病（包括侵害中枢神经系统的传染病）或中毒病的后期，也可见于某些代谢紊乱及醋酮血病、新生仔猪的低血糖症等。马呈犬坐姿势而后躯轻瘫，主

要提示脊髓损伤性疾病，马尚应注意肌红蛋白尿症。

⑥ 步态异常。跛行是动物躯干或肢蹄发生结构性或功能性障碍引起的姿势或步态的异常。可见于骨折、四肢局部创伤、口蹄疫、腐蹄病、乳房炎、钙磷等矿物质缺乏等。共济失调是四肢运动不协调或呈蹒跚、跟跄、摇摆、跌晃而似醉酒状，多为中枢神经系统疾病或中毒，也可见于重病后期的垂危病畜。

2.3 被毛和皮肤的检查

2.3.1 鼻盘、鼻镜及鸡冠的检查

检查牛、猪、犬时，要特别注意鼻镜、鼻盘及鼻尖的观察；检查鸡时则应注意冠及肉髯的观察。注意检查其颜色、温度、湿度等。

（1）正常状态

健康牛、猪的鼻镜或鼻盘均湿润，并附有少许小而密集的水珠，触之有凉感。鸡冠及肉髯的颜色要符合品种特征，质地柔软，触之有温感。

（2）病理状态

牛鼻镜干燥、增温时多为热性病或前胃弛缓的表现，严重者可出现龟裂；猪鼻盘干燥、热感一般为病态，多见于热性病时。在治疗过程中，鼻镜或鼻盘由干变湿，常为病情好转的象征。

在观察白猪的鼻盘时，还应注意其颜色，可反映血液循环状态及血液运输氧的能力，缺氧或亚硝酸盐中毒时，常可见到鼻盘发绀的现象。

鸡冠和肉髯正常为鲜红色，当患高致病性禽流感、鸡新城疫等疾病时可呈蓝紫色；颜色变淡多为营养不良和贫血的表现；如出现疱疹，常提示鸡痘。

2.3.2 被毛的检查

注意观察被毛的清洁度、光泽、分布状态、完整性及与皮肤结合的牢固性等。检查被毛时，还要注意被毛的污染情况。当病畜腹泻时，肛门附近、尾部及后肢等可被粪便污染。马、骡腹痛病时，可由于起卧、滚转而致被毛被泥土污染。

（1）正常状态

健康动物的被毛整洁、平顺而富有光泽、生长牢固。动物多于每年

春、秋两季脱换新毛，而家禽多于每年秋末换羽。

（2）病理状态

被毛蓬松粗乱、失去光泽、易脱落或换毛季节推迟，多是长期消化紊乱、营养不良和慢性消耗性疾病的表现。局部被毛脱落，多见于湿疹、真菌感染、外寄生虫感染（如螨、虱、蚤等）及营养代谢性疾病；禽类肛门周围甚至头颈部羽毛脱落并伴有出血现象多提示患有啄肛或啄羽癖。

2.3.3　皮肤的检查

主要通过视诊和触诊进行，注意检查其颜色、温度、湿度、弹性及疱疹等病变。

（1）颜色

① 方法。主要观察白色或浅色皮肤的动物的口唇部、禽类的冠和肉髯，其他有颜色的皮肤因有色素而不易观察，可参照可视黏膜的颜色变化。

② 异常颜色。猪皮肤上出现的小点状出血（指压不褪色）多见于败血性疾病，如猪瘟；而出现较大的红色充血性疹块（指压褪色），常提示为猪丹毒；皮肤发绀，多见于心力衰竭、呼吸困难及某些中毒；猪亚硝酸盐中毒时，皮肤可呈青白或蓝紫色；仔猪耳尖、鼻盘发绀又常见于慢性副伤寒、呼吸与繁殖障碍综合征（高致病性蓝耳病）等。雏鸡胸腹、腿侧、翼部皮下呈淡绿色（渗出性素质）及其周边呈红紫蓝色，见于雏鸡硒及维生素 E 缺乏症。

（2）温度

① 方法。用手背触诊为宜。

牛、羊可检查鼻镜（正常时发凉）、角根（正常时有温感）、胸侧及四肢；马可触摸耳根、颈部、腹侧及四肢；猪可检查耳、鼻端及胸腹侧；禽类可检查冠和肉髯。

② 病理状态。

a. 全身皮温增高，常见于发热性病；局限性皮温增高是局部发炎的结果。

b. 全身皮温降低，常为体温过低的标志，可见于衰竭症、大失血及牛的生产瘫痪等；局限于一定部位的冷感，可见于该部的水肿或外周神经麻醉。

c. 皮温分布不均而耳根、鼻端及四肢末梢冷厥，主要提示为末梢循环障碍。

（3）湿度

皮肤湿度与汗腺的分布及分泌状态有关。马属动物汗腺最发达，其次为羊、牛、猪，犬和猫汗腺不发达，禽类无汗腺。

① 方法。主要通过视诊及触诊进行。

② 病理状态。

a. 出汗。少量出汗多表现在耳根、肘后及鼠蹊部，轻者触之有湿润感；较重者可见这些部位的被毛湿漉并呈卷束状；大量出汗则可见汗液滴流，甚至汗如雨下。出汗可见于发热病、剧痛性疾病、有机磷中毒、内分泌失调（如甲状腺功能亢进、糖尿病）以及伴有高度呼吸困难的疾病等。另外，动物大剂量注射拟胆碱类药物、肾上腺素或水杨酸等均可引起全身出汗。当动物虚脱、胃肠或其他内脏破裂及濒死期时，则多出大量冷汗且黏腻如油，提示循环衰竭，多预后不良。

b. 皮肤干燥。又称少汗或无汗。表现为被毛粗乱无光，缺乏黏滞感，牛鼻镜、猪鼻盘及肉食动物的鼻端干燥。多见于发热性疾病及各种原因引起的机体脱水。

（4）弹性

检查皮肤弹性的部位，马在颈侧，牛在最后肋骨后部，小动物可在背部。检查方法是将该处皮肤做一皱襞提起后再放开，观察其恢复原状的情况。

① 正常状态。健康动物放手后立即恢复原状，老龄动物的皮肤弹性略差。

② 病理状态。皮肤弹性降低，表现为放手后恢复很慢，可见于营养不良、脱水及皮肤病等。

（5）丘疹、水疱和脓疱

注意观察体表被毛稀疏部位，检查时要特别注意眼、唇周围及蹄部、趾（指）间等处。发现疹疱时应注意其数量、突出状态、疱内液体性状等。

牛、羊、猪等偶蹄兽的皮肤疱疹性病变，应特别注意口蹄疫，猪还可能是猪传染性水疱病；犬发生犬瘟热时皮肤出现小脓疱。疱疹还见于痘病、脓疱性皮炎等。出现皮疹，多见于传染病、寄生虫病、皮肤病、药物及其他物质所致的过敏性反应。

2.3.4　皮下组织的检查

以触诊和视诊进行检查。发现皮下或体表有肿胀时，应注意观察肿胀部位的大小、形态，并通过触诊判定其温度、敏感性、硬度、移动性及内容物性状等。

常见的肿胀有炎性肿胀、浮肿、气肿、血肿、淋巴外渗、疝及肿瘤等。

（1）皮下水肿

表面扁平，与周围组织界线明显，压之如生面团状，留有指压痕，且较长时间不易恢复，触之无热，无痛感；而炎性肿胀则有热、痛感，无指压痕。

水肿可因重度营养不良、心脏疾病、局部静脉或淋巴液回流受阻及微血管损伤等原因引起。马、骡的心性、营养性及肾性浮肿，其常发部位为胸下、腹下、阴囊及四肢下部，少见于眼睑；牛、羊则多发生在下颌间隙及颈下、胸垂，除以上原因外，常见于牛的创伤性心包炎及寄生虫病，特别是肝片吸虫病；猪可见于眼睑或面部，常见于猪水肿病；雏鸡皮下淡绿色水肿见于硒及维生素 E 缺乏症。

（2）皮下气肿

边缘轮廓不清，触诊时发捻发音（沙沙声），压之有向周围皮下组织窜动的感觉。颈侧、胸侧、肘后的皮下气肿，多为窜入性的且局部无热、痛反应；当气肿疽（牛、羊）、恶性水肿（马）等厌氧菌感染时，气肿局部有热痛反应，且局部切开后可流出混有泡沫的腐臭液体。

（3）脓肿、血肿及淋巴外渗

外形多呈圆形突起，触之有波动感，多因局部创伤或感染而引起，可通过穿刺鉴别。

（4）疝

触之也有波动感，可通过查到疝环及整复试验而与其他肿胀相鉴别。猪常发生阴囊疝及脐疝；大动物多发腹壁疝，常因创伤而继发。

2.4 眼结膜的检查

进行眼结膜检查前，先观察眼睑有无肿胀、外伤及眼分泌物的数量、性状。然后再打开眼睑进行检查，注意观察眼结膜的颜色变化。

2.4.1 方法

① 检查马的眼结膜时，通常检查者立于马头一侧，一只手持缰绳，另一只手食指第一指节置于上眼睑中央的边缘处，拇指放于下眼睑上缘，其余三指屈曲并放于眼眶上面作为支点，食指和拇指向眼窝略加压力，同时分别拨开上、下眼睑，即可使眼结膜及瞬膜露出（图1-2-7）。

② 检查牛时，主要观察其巩膜的颜色及其血管情况，检查时可一只手握牛角，另一只手握住其鼻中隔并用力扭转其头部，即可使巩膜露出；也可用两手握牛角并向一侧扭转，使牛头偏向侧方（图1-2-8）。欲检查牛眼睑结膜时，可用一手握住细绳基部或鼻中隔，另一手操作与检查马的方法相同。

图1-2-7 马的眼结膜检查

图1-2-8 牛的巩膜检查

③ 检查羊、猪、犬等中小动物的眼结膜时，可用两手对头部稍加固定，以两手拇指分别打开其上、下眼睑进行观察。

2.4.2 正常状态

健康马眼结膜呈淡红色；牛的颜色较马稍淡，呈淡粉红色，但水牛较深呈潮红色；猪、羊的眼结膜也呈粉红色。犬的眼结膜为淡红色，但很易因兴奋而变为红色。

2.4.3　病理状态

眼结膜颜色的变化可反映动物身体机能状态。

① 潮红（发红）。充血的征兆。单眼的潮红，可能系局部的炎症所致；双眼均潮红，多表示全身的循环状态。弥漫性潮红常见于热性病、肺炎、肠臌气等；树枝状充血，多见于伴有血液循环障碍的一些疾病。

② 苍白。贫血的象征。可见于各种类型的贫血，如马传染性贫血、仔猪贫血，血孢子虫病、锥虫病，大失血及内出血，牛的血红蛋白尿病等。

③ 黄染。主要是胆色素代谢障碍的结果。可见于肝脏病（如肝炎）、胆管阻塞（如肝片吸虫病）及溶血性病（如新生幼畜溶血病、血孢子虫病等）。

④ 发绀。黏膜呈蓝紫色，主要是血液中还原血红蛋白增多或含有异常血红蛋白的结果，是机体缺氧的典型表现。可见于血液氧不足（如肺炎、肺气肿、支气管痉挛、喉炎等）、循环障碍（如创伤性心包炎、心力衰竭及休克等）、变性血红蛋白增加（如亚硝酸盐中毒、犬遗传性高铁血红蛋白症等）。

⑤ 出血。结膜上出现出血点或出血斑，是出血性素质的特征，多见于马传染性贫血、焦虫病、血斑病、猪瘟等。

2.4.4　注意事项

① 检查眼结膜，最好在自然光线下进行，灯光下对黄色不易识别。

② 眼结膜受压迫或摩擦时易引起充血，因此不宜反复进行检查。

③ 要对两侧眼结膜进行对照检查，并注意区别是由眼的局限性疾病引起的，还是由全身性或其他疾病引起的。

2.5　浅表淋巴结的检查

淋巴结是机体的屏障机构。淋巴结的检查，在诊断疾病特别是传染病上有很大的意义。

2.5.1 检查方法

检查浅表淋巴结，主要进行触诊。检查时，应注意其大小、形状、硬度、温度、敏感性及皮下的移动性。

牛常检查下颌淋巴结、肩前（颈浅）淋巴结、膝襞（膝上、股前）淋巴结、乳房上淋巴结等。猪可检查股沟浅淋巴结等。马常检查下颌淋巴结。犬主要检查下颌淋巴结、耳下及咽喉周围淋巴结、颈部淋巴结、肩前淋巴结、腹股沟淋巴结等。

2.5.2 病理变化

（1）急性肿胀

表现为淋巴结体积增大，并有热、痛反应，常较硬；有时可有波动感。多见于马腺疫，亦可见于炭疽。牛患泰勒氏焦虫病时全身淋巴结可呈急性肿胀。

（2）慢性肿胀

多无热、痛反应，较坚硬，表面不平，且不易向周围移动。常见于马鼻疽、鼻旁窦炎、结核病及牛淋巴细胞性白血病等。

2.6 体温、脉搏数与呼吸数的测定

体温、脉搏数和呼吸数是动物生命活动的重要生理指标，是临床诊疗工作的重要常规检查内容，对任何病例都是必须检查的项目。正常情况下，除外界气候及运动等条件的暂时性影响外，体温、脉搏数和呼吸数一般均维持在一个较为恒定的范围之内。但在病理过程中，受疾病影响，其将发生不同程度和形式的变化。

2.6.1 体温的测定

体温测定用特制的兽医用体温计，一般以动物直肠内温度为标准。各种动物的正常体温变动范围见表1-2-1。

健康动物的体温因品种和个体不同而有一定的差异，同时受一些因素的影响而出现生理性的变化，但其温差变动在1℃以内。如幼龄动物体温偏高，老龄动物偏低；雌性动物体温比雄性动物略高；一般母畜在妊娠后期体温稍高；高产乳牛体温比低产乳牛稍高；动物在兴奋、运动与使役以

及采食、咀嚼活动后，体温会暂时性升高。此外，早晨的体温稍低，午后稍高。动物在烈日下暴晒或圈舍内动物密度过高、通风不良时，体温可上升；而冬季放牧露营时，体温可稍低。

表 1-2-1　健康动物的正常体温变动范围

动物种类	变动范围/℃	动物种类	变动范围/℃
黄牛、奶牛	37.5～39.5	骆驼	36.0～38.5
骡	38.0～39.0	鹿	38.0～39.0
马	37.5～38.5	兔	38.0～39.5
水牛	36.5～38.5	犬	37.5～39.0
绵羊、山羊	38.0～40.0	猫	38.5～39.5
猪	38.0～39.5	禽类	40.0～42.0

（1）体温测定方法

① 先将被检动物用适当的方法进行保定。

② 再将体温计水银柱甩至 35℃ 以下，并用酒精棉球擦拭消毒，再涂以润滑剂（石蜡油）。

③ 检查者通常位于动物的左后方，一手提起动物的尾巴，暴露肛门后，另一手持体温计徐徐插入肛门至直肠内，并将体温计所附的尾毛夹夹于尾根部的被毛上，小动物可用手持体温计测量。

④ 经 3～5min 后取出，用酒精棉球拭净粪便或黏液后读取度数。

⑤ 用后甩下水银柱并放于消毒瓶内备用。

（2）体温测定的注意事项

① 体温计于用前应统一进行检查、检定，以防有过大的误差。

② 对门诊病畜，应使其适当休息并安静后再测定。

③ 对病畜应每日定时（早晚各一次）进行测温，并逐日记录绘成体温曲线表。

④ 测温时应注意人、畜安全。通常对病畜进行必要的保定；体温计的玻璃棒插入的深度要适宜（一般大动物可插入其全长的 2/3，小动物则不宜过深）。

⑤ 避免因测温的方法不当而发生误差。用前应甩下体温计的水银柱；测温时间要适当（按体温计的规格要求）；须进行灌肠、直肠检查的病畜

应在处置前测温；直肠有多量宿粪的病畜，勿将体温计插入宿粪中，而应排除积粪后再测定。

⑥ 遇有直肠发炎、频繁下痢或肛门松弛的病畜，为较准确地测量体温，对母畜宜测阴道的温度，但应注意，通常阴道的温度较直肠稍低（低$0.2\sim0.5℃$）。

（3）体温异常的病理变化

① 体温升高。体温升高又称发热，是指体温高于正常范围。常见于许多传染病和某些炎症的病程中。

a. 发热程度。根据体温升高的程度，将发热分为微热、中热、高热和极高热四个等级。

体温升高$0.5\sim1.0℃$，称为微热，仅见于感冒等局限性炎症。

体温升高$1\sim2℃$，称为中热，见于支气管肺炎、支气管炎、急性胃肠炎及某些亚急性传染病过程中。

体温升高$2\sim3℃$，称为高热，多见于急性感染性疾病与广泛性的炎症，如猪瘟、巴氏杆菌病、败血性链球菌病、流行性感冒、急性胸膜炎与腹膜炎等。

体温升高$3℃$以上，称为极高热，可见于某些严重的急性传染病，如猪丹毒、炭疽、脓毒败血症及中暑等。

b. 热型。在发热过程中，将每天早晚测得的体温在特制的表格里记录下来，然后连成的曲线，称为体温曲线。当动物患发热性疾病时，体温曲线可出现各种有规律的形状变化，称为热型。兽医临床上常见的热型有下列4种。

稽留热：是指体温升高到一定程度，并持续数天或更长时期，且每日昼夜的温差很小（一般在$1.0℃$以内）而不降至常温。可见于猪瘟、炭疽、大叶性肺炎、流行性感冒等。

弛张热：是指体温升高，昼夜间有较大的升降变动（常在$1.0℃$以上），而不降至常温者。可见于败血症、小叶性肺炎等。

间歇热：在持续数天的发热后，经过一段时间后体温下降至正常温度，再过一段时间又重新升高，如此以一定间隔时间反复交替出现发热的现象，称间歇热。可见于慢性结核病、血孢子虫病及马传染性贫血等。

不定型热：是指体温热曲线变化没有规律，日温差有时极其有限，有时波动很大的热型。可见于传染性胸膜炎、非典型腺疫及布鲁氏菌病等。

② 体温降低。即体温低于正常范围。临床上多见于贫血、休克、大失血、严重营养不良及濒死期的动物等。体温长时间低于 36℃，同时伴有发绀、末梢发凉、高度沉郁或昏迷等，多提示预后不良。

2.6.2 脉搏数的测定

测定每分钟脉搏的次数，以"次/min"表示。

（1）方法

① 牛通常检查尾动脉，检查者站在牛的正后方，一只手（左手）握住尾梢部抬起牛尾，右手拇指放于尾根部的背面，用食指、中指在距尾根 10cm 左右处尾的腹面正中尾动脉处轻压即可感知。

② 马属动物检查颌外动脉，检查者站在马头一侧，一只手握住笼头，另一只手拇指置于下颌骨外侧，食指、中指伸入下颌骨内侧，在下颌骨的血管切迹处前后滑动，发现动脉血管后，用手指轻压即可感知。

③ 猪、羊、犬和猫可在后肢股内侧的股动脉处检查，检查者用一只手（左手）握住动物的一侧后肢的下部，检手（右手）的食指及中指放于股内侧的股动脉上，拇指放于股外侧。

（2）正常脉搏

健康动物每分钟的脉搏数较为恒定，其参考范围见表 1-2-2。正常脉搏的频率受许多因素影响，如品种、性别、年龄、饲养管理、外界温度、生产性能、紧张和兴奋状态等。

表 1-2-2   健康动物的脉搏数变动范围

动物种类	变动范围/(次/min)	动物种类	变动范围/(次/min)
黄牛、奶牛	50~80	骆驼	30~60
骡	26~42	鹿	36~78
马	42~54	兔	80~140
水牛	30~50	犬	70~120
绵羊、山羊	70~80	猫	110~130
猪	60~80	禽类	120~200

（3）注意事项

① 脉搏检查应待动物安静后再进行。

② 一般应检测 1min；如动物不安静宜测 2～3min 再取其平均值。

③ 当动脉脉搏过于微弱不感于手时，可以心跳次数代替。

（4）病理状态

① 脉搏次数增多是心脏活动加快的结果。可见于多数的发热性病、心脏病（如心力衰竭、心肌炎、心包炎）、呼吸器官疾病、各型贫血、伴有剧烈疼痛的疾病（如马腹痛症、四肢疼痛性疾病）、严重贫血性疾病以及某些中毒病等。

② 脉搏次数减少是心动徐缓的指征。主要见于某些脑病（如脑肿瘤、脑脊髓炎等）及中毒（如洋地黄），也可见于胆血症（胆管阻塞性疾病）以及垂危病畜等。

2.6.3 呼吸数的测定

呼吸数是指呼吸频率，测定动物每分钟的呼吸次数，以"次/min"表示。健康动物的呼吸数，受某些生理性因素和外界条件的影响，可引起一定的变动，其参考范围见表 1-2-3。如幼畜比成年动物稍多；妊娠的母畜可增多；运动、使役、兴奋时可增多；品种、营养情况对其也有影响；当外界温度过高时，某些运动（特别是水牛、绵羊、肥猪等）可引起显著的增多；在海拔 3000m，气温 20℃ 以上时，马、骡的呼吸数可增加 2～3 倍。此外尚应注意动物的体位，如乳牛饱食后取卧位时，可见呼吸次数明显增多。

表 1-2-3 健康动物的呼吸数变动范围

动物种类	变动范围/（次/min）	动物种类	变动范围/（次/min）
黄牛、奶牛	10～30	骆驼	6～15
骡	8～16	鹿	15～25
马	8～16	兔	50～60
水牛	10～50	犬	10～30
绵羊、山羊	12～30	猫	10～30
猪	18～30	禽类	15～30

（1）方法

一般可根据胸腹部的起伏动作计数。检查者立于动物的侧方，注意观察其胸廓和腹壁面的起伏，一起一伏为一次呼吸。亦可依据鼻翼的开张动作进行计数，或通过听诊呼吸音来计数。在寒冷季节还可通过观察呼出气流来测数。鸡的呼吸数，可通过观察肛门下部的羽毛起伏动作来计数。

（2）注意事项

① 检查呼吸频率时，应该在动物休息、安静时检测。一般宜测 1min 的次数或测 2min 的次数取平均值。

② 观察动物鼻翼的活动或以手放于其鼻前感知气流的测定方法不够准确，应注意。必要时可以听取肺部呼吸音或喉、气管呼吸音的次数代替。

（3）病理状态

① 呼吸次数增多。凡是能引起动脉脉搏次数增多的疾病，多数也能引起呼吸数增多。可见于呼吸器官特别是支气管、肺、胸膜的疾病（如肺炎、肺水肿）；多数的热性病；心力衰竭及贫血、失血性疾病；膈的运动受阻（如膈麻痹、膈破裂），腹压显著升高（如胃肠臌气、腹腔积液）或胸壁疼痛（如胸膜炎、肋骨骨折）的病理过程；脑脊膜充血、炎症的初期等。

② 呼吸次数减少。主要由于呼吸中枢高度抑制而引起。见于颅内压的显著升高（如脑炎、脑肿瘤、慢性脑积水）、某些中毒（如麻醉药中毒）与代谢紊乱，当上呼吸道高度狭窄时由于每次吸气的持续时间过长也可引起呼吸次数的减少。

第3章 系统临床检查

系统临床检查是指根据患病症状所属的机体系统，有目的进行检查的方法。例如呕吐、腹泻着重检查消化系统；痰、咳、喘着重检查呼吸系统等。系统临床检查一般是在基本检查之后，获取一定关于发病情况的资料后进行的。系统临床检查具有检查目的性强的特点，大概包括消化系统检查、呼吸系统检查、循环系统检查、泌尿生殖系统检查和神经系统检查。

3.1 消化系统检查

消化系统包括消化管和消化腺两部分。消化管为食物通过的管道，起于口腔，经咽、食管、胃、小肠、大肠，止于肛门。消化腺为分泌消化液的腺体，其中唾液腺、肝和胰腺在消化管外形成独立器官，由腺管通入消化道，称为壁外腺；胃腺和肠腺位于胃壁和肠壁内，称为壁内腺。反刍动物的前胃有两大主要生理机能：一是通过胃的蠕动磨碎食物；二是依靠胃内容物中的细菌和纤毛虫进行微生物学的裂解与合成作用。

从口腔摄入的饲料和饮水，经咽和食管，被运送到胃肠，在消化液（内含各种消化酶）的消化作用下，食物中各种复杂的营养成分分解为氨基酸、脂肪和葡萄糖等结构简单的物质，通过胃的血管吸收到体内，而不能利用的甚至有害的物质被排出体外，以保证动物的生命活动。

消化系统最易遭受理化的、生物的（微生物、寄生虫等）刺激和侵害，引起解剖形态和生理机能的变化，不仅直接影响动物的营养、代谢和生长、发育，也影响机体其他器官、系统的机能活动。此外，其他器官系统的疾病也会累及消化器官。因此，各种家畜的消化系统疾病的发病率都比较高，在临床上检查该系统具有特别重要的意义。

3.1.1 采食和饮水的检查

首先通过问诊了解动物采食与饮水情况，然后现场仔细观察动物的采食和饮水活动与表现，必要时可进行试验性的饲喂或饮水。要根据采食和饮水的方式、食量多少、采食持续时间的长短、咀嚼状态（力量和速度）、吞咽活动判定动物的食欲和饮欲状态，还可参考腹围大小等综合条件进行判断。检查时应注意饲料的种类及质量、饲料配制、饲养制度、饲喂方式、环境条件及动物的劳役和饥饿程度等因素对饮食的影响。

3.1.1.1 正常状态

健康动物其采食、饮水的方式各异：马用唇和切齿摄取饲料；牛用舌卷食饲草；羊大致与马相同；猪主要靠上、下腭动作而采食。

3.1.1.2 病理状态

（1）食欲和饮欲改变

① 食欲减少甚至废绝。表现为对优质适口的饲料采食无力、食量显著减少甚至完全拒食。食欲减少主要见于消化器官的各种疾病以及热性病、全身衰竭、消化及代谢功能扰乱，完全拒食提示疾病严重。

② 食欲亢进。表现为食欲旺盛，采食量多。主要见于重病恢复期、糖尿病、甲状腺功能亢进及某些代谢病和寄生虫病等。

③ 异嗜。表现为啃食泥土、煤渣、墙灰，舔食污水、粪尿，羊有时表现为互相舐毛。异嗜多为矿物质、微量元素代谢紊乱及某些氨基酸缺乏的征兆，多见于幼畜，也可见于慢性胃卡他。母猪食仔、吞食胎衣，鸡的啄羽、啄肛，也常是异嗜的表现，后者在鸡群中常有相互模仿的倾向。

④ 饮欲增加。表现为贪饮甚至狂饮，常见于某些热性病、大出汗、严重的腹泻以及食盐中毒。

⑤ 饮欲减少，表现为不饮水或饮水量少，可见于马的重度疝痛及伴有昏迷的脑病等。

（2）饮食方式异常

① 马以门齿衔草，多见于面神经麻痹或中枢神经的疾病。

② 饮水时将鼻孔伸入水中，后因呼吸困难而急剧抬头；或口衔草而忘却咀嚼，为马慢性脑室积水的特有症状。

③ 重度破伤风、某些舌病、颌骨疾病时，可表现采食障碍。

（3）咀嚼障碍

① 表现为采食不灵活，咀嚼小心、缓慢、无力，并因疼痛而中断，有时将口中食物吐出。

② 咀嚼障碍多提示口腔黏膜、舌、牙齿的疾病，骨软症、慢性氟中毒时亦可引起。

③ 空嚼和磨牙，可见于犬病、某些脑病及胃肠道阻塞和高度疼痛性疾病。

（4）吞咽障碍

① 表现为吞咽时动物伸颈、摇头，屡次企图吞咽而被迫中止，或吞咽同时引起咳嗽，有些动物可见有唾液、食物、饮水等经鼻反流。

② 吞咽障碍主要提示咽与食管的疾病，如咽炎、咽麻痹、食管阻塞等。

3.1.2 反刍、嗳气及呕吐的检查

对反刍动物注意观察其反刍的出现时间、每次持续时间、昼夜间反刍的次数、每次食团的再咀嚼情况和嗳气的情况等。检查呕吐时应注意呕吐发生的时间、频率及呕吐物的数量、性质、气味及混杂物。

3.1.2.1 正常状态

健康反刍动物，一般于采食后 0.5～1h 即开始反刍；每次反刍持续时间在 15min 至 1h 不等；每昼夜约进行 4～8 次反刍；每次返回的食团再咀嚼 40～60 次（水牛 40～45 次）。高产乳牛的反刍次数较多，且每次的持续时间长。

健康牛一般每小时有 15～30 次的嗳气，羊 9～11 次，采食后增多，空腹时减少。除反刍动物外的其他动物不表现嗳气。

3.1.2.2 病理状态

（1）反刍障碍

可表现为反刍出现的时间晚，每次反刍的持续时间短，昼夜间反刍的次数少以及每个食团的再咀嚼次数减少；严重时甚至反刍完全停止。反刍障碍是前胃机能障碍的结果，可见于多种疾病，如前胃驰缓、瘤胃积食、瘤胃臌气、瓣胃及真胃阻塞、高热性疾病、中毒、多种传染病等。

（2）嗳气的改变

嗳气频繁和增多，由瘤胃内容物异常发酵，产生大量的游离气体引起，可见于瘤胃臌气的初期。嗳气减少也是前胃机能紊乱的一种表现，由于嗳气显著减少而使瘤胃积气并可继发瘤胃臌气，可见于前胃驰缓、瘤胃积食、瓣胃阻塞、真胃疾病及发热性疾病等。偶见有马的嗳气，常提示胃

扩张。

（3）呕吐

呕吐是动物将胃内容物或部分小肠内容物不自主地经口腔或鼻腔排出体外的一种病理性反射活动。肉食动物最易发生呕吐，其次是猪，牛、羊等反刍动物较少发生，马则极难发生，一般仅出现呕吐动作，当疾病严重时才有胃内容物经鼻孔反流的现象。

① 反刍兽呕吐时，表现不安、呻吟，同时腹肌强烈收缩，呕吐物多为瘤胃内容物，可见于前胃肠疾病、中毒以及中枢神经系统疾病。

② 马呕吐时多呈恐怖而极度不安状态，腹肌强烈收缩，常见战栗与出汗，多提示为急性胃扩张，且常继发胃破裂而致死。

③ 犬、猫和猪常出现过食性呕吐，多在采食后不久一次性呕吐大量胃内容物。

④ 采食后立即发生持续而频繁的呕吐，且呕吐物混有黏液，常见于胃、十二指肠、胰腺和中枢神经系统的严重疾病。

⑤ 呕吐物中混有血液，常见于胃溃疡、猪瘟、犬细小病毒感染、猫泛白细胞减少综合征等；混有胆汁而呈黄绿色，见于十二指肠阻塞。

⑥ 呕吐物呈粪便样气味，主要见于大肠阻塞、猪肠嵌闭等。

3.1.3 口腔、咽及食管的检查

3.1.3.1 口腔检查

一般多用视诊、触诊和嗅诊等方法进行。注意观察口唇状态和流涎情况，检查口腔气味、温度与湿度，观察口腔黏膜的颜色及完整性、舌及牙齿有无变化等。另外，尚须注意舌苔的变化。口腔内部检查时，常采用徒手开口法或借助特制的开口器辅助打开口腔进行。

（1）开口法

① 牛的开口法。检查者位于牛头侧方，一只手握住牛鼻环或捏住鼻中隔并向上提举，另一只手从口角处伸入并握住舌体向侧方拉出，即可使口腔打开。

② 马的开口法。徒手开口时，检查者站于马头的侧方，一只手握住笼头，另一只手食指和中指从一侧口角伸入并横向对侧口角；手指下压并握住舌体；将舌拉出的同时用另一只手的拇指从侧口角伸入并顶住上腭，

使口张开。开口器开口时，一般可使用单手开口器，一只手把住笼头，另一只手持开口器自口角处伸入，随动物张口而逐渐将开口器的螺旋形部分伸入上、下臼齿之间，而使口腔张开；检查完一侧后，再以同样方法检查另一侧。必要时可应用重型开口器，首先应妥善地进行动物的头部保定，检查者取开口器并将其齿板（垫）嵌入上、下门齿之间，同时保持固定；由另一只手迅速转动螺旋柄，渐渐随上、下齿板的离开而打开口腔。

③ 猪的开口法。由助手握住猪的两耳进行保定；检查者持猪开口器，将其平直伸入口内，到达口角后，将把柄用力下压，即可打开口腔进行检查或处置。

④ 犬的开口法。性情温顺的犬可用徒手开口法，检查者一只手拇指与中指由颊部捏住上颌，另一手的拇指与中指由左、右口角处握住下颌，分别将其上下唇向内压迫在臼齿面上，以食指抵住犬齿，同时用力上下稍拉开，即可开口，但应注意防止被咬伤手指。也可在确认保定后，用布带或绷带两段分别横置于上下犬齿之后，用两手同时将其向上下拉开即可。烈性犬须用特制的开口器进行，方法同猪。

⑤ 猫的开口法。徒手开口时，以一只手的小指抵在颈部作支点，用拇指和食指捏紧上颌，并将猫的头部向上抬起，猫即可开口。

（2）注意事项

① 徒手开口时，应注意防止咬伤手指。

② 拉出舌时，不要用力过大，以免造成舌系带的损伤。

③ 使用开口器时应注意动物的头部保定；对患骨软症的动物应注意防止开口过大，造成颌骨骨折。

（3）正常状态

健康动物上下口唇闭合良好，老龄和瘦弱动物的下唇常松弛下垂；老龄动物偶有流涎；口腔稍湿润，口腔温度与体温一致；口腔黏膜呈淡红色而有光泽；牙齿排列整齐。

（4）病理状态

① 口唇异常。口唇下垂，可见于面神经麻痹、狂犬病、唇舌损伤和炎症、下颌骨骨折等；双唇紧闭，见于脑膜炎和破伤风等；唇部肿胀，见于口腔黏膜深层炎症、牛瘟、马血斑病等；唇部疱疹，常见于牛和猪的口

蹄疫等。

② 流涎。口腔分泌物或唾液流出口外，称为流涎。流涎表示唾液腺在病理因素刺激下分泌增多，或咽及食管疾病导致唾液咽下发生障碍。可见于各型口炎、恶性卡他热、猪水泡病、犬瘟热、鸡新城疫、唾液腺炎、咽麻痹、食道梗塞、有机磷中毒、面神经麻痹等。牛的大量牵缕性流涎，应注意口蹄疫。

③ 口腔温度与湿度异常。口腔温度增高、热感，可见于口炎或热性病；口腔温度低下，见于重度贫血、虚脱及动物濒死期。口腔分泌物减少或干燥，可见于一切热性病、失水性疾病、阿托品中毒及严重的胃肠疾病。口腔过湿，则引起流涎。

④ 口腔黏膜颜色改变。口腔黏膜颜色可表现为苍白、潮红、发绀和黄染等变化，其诊断意义除局部炎症可引起潮红、肿胀提示口炎外，其余与其他部位的可视黏膜颜色变化意义相同。

⑤ 口腔黏膜破损表现为疱疹、溃疡。马的溃疡性口炎，其病变常在舌下；反刍兽及猪的口腔黏膜疱疹、溃疡性病变，特别应注意口蹄疫。鸡白喉、牛坏死杆菌病及犬念珠菌病时，口腔黏膜上常附有伪膜状物。雏禽口腔黏膜有炎症或白色针尖大小的结节，见于维生素 A 缺乏症等。

⑥ 舌与舌苔。舌的颜色变化与口腔黏膜颜色变化诊断意义大致相同。舌的外伤常由异物或受磨损不整的牙齿所引起。舌面的溃疡多并发于口炎。舌硬如木、体积增大，甚至垂于口外，可见于放线菌病、舌麻痹，也可见于各种类型脑炎后期、霉玉米中毒和肉毒梭菌中毒等；猪舌下和舌系带两侧有水泡样结节，是囊尾蚴病的特征。

舌苔是一层脱落不全的舌上皮细胞附着物，并混有唾液、饲料残渣等，表现为舌面上附有一层灰白、灰黄、灰绿色黏附物，是胃肠消化不良时所引起的一种保护性反应，主要见于热性病及慢性消化障碍等。舌苔薄而色淡，一般表示病情轻或病程短；舌苔厚而色深，一般表示病情重或病程长。

⑦ 牙齿不整或松动常发生于骨软病或慢性氟中毒，后者在门齿表面多见特征性的氟斑，即切齿的釉质失去正常光泽，出现黄褐色的条纹，并

形成凹痕。

3.1.3.2 咽的检查

（1）方法

咽的检查主要通过外部视诊和触诊进行。

① 视诊注意头颈的姿势及咽周围有无肿胀。

② 触诊时，可用两手同时自咽喉部左右两侧加压并向周围滑动，以感知其温度、敏感反应及肿胀情况等。

③ 小动物及禽类的咽内部视诊比较容易，大动物须借助于喉镜检查。

（2）病理状态

① 咽喉部及其周围组织的肿胀、热感，并呈疼痛反应，提示咽炎或咽喉炎。

② 幼驹的咽喉及其附近的淋巴结肿胀、发炎，应注意马腺疫。

③ 牛咽喉周围的硬性肿物，应注意结核、腮腺炎及放线菌病。

④ 猪则应注意咽炭疽及急性猪肺疫。

3.1.3.3 食管的检查

（1）方法

大动物的颈部食管可进行视诊、触诊检查，必要时可应用食管探诊（探诊方法详见胃管投药部分）。

① 视诊时，注意吞咽过程食物沿食管通过的情况及局部有无肿胀。

② 触诊时检查者站于动物左侧，用两手分别沿颈部食管沟自上而下加压滑动检查，注意感知有无肿胀、异物，以及内容物硬度，有无波动感及敏感反应。

③ 检查禽类的嗉囊，主要用视诊和触诊，注意内容物的多少、软硬度等情况。

（2）病理状态

① 牛、马的食道阻塞时，如阻塞物在颈部食道，视诊能发现该部肿大，触诊时动物常有疼痛反应，其上部食管常因储积饲料、分泌物而扩张，如内容物为液体，则触压有波动感。食管痉挛则可感知呈条较硬的索状物，并同时有敏感反应。

② 鸡嗉囊积食，可见容积扩大并可感知内容物量多或食物坚硬，减、

拒食则嗉囊内空虚；如嗉囊存有多量气体则膨胀并有弹性；嗉囊积液可见于鸡新城疫及有机磷中毒等。

3.1.4 腹部及胃肠的检查

3.1.4.1 牛腹部的检查方法

主要通过视诊和触诊进行，视诊注意观察腹围的大小、形状，尤其是肷窝充盈程度；触诊注意腹壁的敏感性及紧张度。病理状态如下。

① 腹围增大。广泛性增大，主要提示瘤胃臌气、瘤胃积食、皱胃变位等。局限性增大，可见于腹壁疝、脓肿、血肿及淋巴外渗等。

② 腹围缩小。表示胃肠内容物显著减少，可见于长期饥饿或破伤风等。

③ 腹下浮肿。触诊留有指压痕，可见于腹膜炎、肝片吸虫病、肝硬化以及创伤性心包炎和心力衰竭。

④ 腹壁敏感。主要提示腹膜炎和腹壁损伤。

3.1.4.2 瘤胃的检查方法

瘤胃体积庞大，占据左侧腹腔的绝大部分位置，与腹壁紧贴。主要用视诊、叩诊、触诊及听诊检查，其中临床上以触诊和听诊为主。

① 视诊时，注意观察瘤胃的充盈度。

② 触诊时，检查者位于动物的左腹侧，左手放于动物背部，检手（右手）可握拳，屈曲手指或以手掌放于左肷部，先用力反复触压瘤胃，以感知内容物性状，后静静放置以感知其蠕动力量并计算蠕动强度、频率。

③ 听诊时，多以听诊器间接听诊，以判定瘤胃蠕动音的频率、强度、性质及持续时间。

④ 叩诊时，用手指或叩诊器在肷部进行直接叩诊，以判定其内容物性状。

（1）瘤胃的正常状态

正常瘤胃触诊时，饲喂前左肷部松软而有弹性，上 1/3 部积有少量气体，中部和下部触诊坚实；饲喂后瘤胃充满，左肷部平坦，触诊感知内容物似面团状，轻压后可留压痕，随胃壁收缩蠕动而将检手抬起，蠕动力量较强。听诊瘤胃随每次蠕动波可出现由低到高再逐渐减弱的"沙沙"声，似吹风样，健康牛每 2min 蠕动 2～3 次。上部叩诊呈鼓音，中、下部依次呈半浊音或浊音。

（2）瘤胃的病理状态

① 左肷部膨隆，触诊柔软有弹性，叩诊鼓音区下移，是瘤胃臌胀的特征。

② 触诊内容物坚实，可见于瘤胃积食；内容物稀软可见于前胃弛缓。

③ 瘤胃蠕动频繁及蠕动音增强，可见于瘤胃臌气和瘤胃积食的初期；蠕动稀少、微弱、蠕动音短促，可见于前胃弛缓、瘤胃积食以及其他原因引起的前胃功能障碍；瘤胃蠕动音消失，是瘤胃运动机能高度障碍的结果，临床上多见于急性瘤胃臌气、瘤胃积食等前胃疾病的后期以及其他严重的全身性疾病。

3.1.4.3 网胃的检查

网胃位于胸骨后缘、腹腔的左前下方、剑状软骨突起的后方，相当于第 6～8 肋间，前缘紧贴膈肌。

（1）叩诊法

可于左侧心区后方的网胃区内进行强叩诊或用拳轻击，以观察动物反应。

（2）触压法

通过对网胃区施压，观察其对刺激的反应。

① 检查者面向动物蹲于其左胸侧，屈曲右膝于动物腹下，右手握拳并抵在动物的剑状突起部，将右肘支于右膝上，然后用力抬腿并以拳顶压网胃区。

② 由两人分别站于动物胸部两侧，面向前，各伸一只手于剑突下相互握紧，并将另一只手放于动物的鬐甲部作支点，两人同时用力上抬紧握的手，并用放于鬐甲部的手紧捏其背部皮肤，以观察动物的反应。

③ 先用一木棒横放于动物的剑突下，由两人分别自两侧同时用力上抬，迅速下放并逐渐后移压迫网胃区。

④ 由助手握住牛鼻中隔并向上提举，使牛的额线与背线相平，检查者采取用手强力捏压鬐甲部等方法进行检查，以观察动物凹背时的表情与速度。

（3）视诊

牵引牛在陡峭的坡路向下行走或急转弯等，观察其反应。

（4）网胃的病理状态

当进行上述检查试验时，动物表现不安、痛苦、呻吟或抗拒，企图卧下，或下坡时运步小心，步态紧张，不敢前进，甚至横着下坡，或急转弯时表现痛苦等，均为网胃的疼痛敏感反应。试验呈敏感反应，主要提示创伤性网胃炎或网胃炎、膈肌炎、心包炎。

3.1.4.4 瓣胃的检查

（1）方法

主要采用听诊和触诊的方法进行。牛的瓣胃检查部位在右侧第7～9肋间沿肩关节水平线上下3～5cm的范围内。

进行听诊时，听取瓣胃蠕动音；也可在右侧瓣胃区进行强力触诊或以拳轻击，以观察动物是否有疼痛反应。

（2）正常状态

瓣胃的蠕动音呈断续的细小捻发音，于采食后较为明显。瓣胃区触诊无异常表现。

（3）病理状态

瓣胃蠕动音消失，可见于瓣胃阻塞；触诊敏感表现为动物疼痛不安、呻吟、抗拒，主要提示瓣胃创伤性炎症，亦可见于瓣胃阻塞或瓣胃炎。

3.1.4.5 真胃及肠的检查

（1）检查方法

① 真胃的视诊与触诊。于牛右侧第9～11肋间、沿肋弓下右季肋部进行视诊和深触诊；对羊、犊牛则使其呈左侧卧姿势，检手插入右肋下进行深触诊。

② 真胃的听诊。检查者位于动物的右侧，面向动物后躯，将听诊器集音头置于真胃区听诊。真胃蠕动音类似肠音，呈流水声或轻度的含漱声。

③ 肠蠕动音的听诊。于右腹侧后部可听诊短而稀少的肠蠕动音，小肠蠕动音类似含漱声、流水声，大肠蠕动音类似鸠鸣声。

（2）病理状态

① 右侧腹壁肋弓下向侧方隆起，可提示真胃阻塞或扩张；右腹壁膨大或肋弓突起，可提示真胃扭转；真胃触诊敏感，提示真胃炎或真胃溃疡；真胃区坚实或坚硬，则提示真胃阻塞；冲击触诊有波动感，并听到击水声，提示真胃扭转或幽门阻塞、十二指肠阻塞。

② 真胃蠕动音亢进，见于真胃炎；真胃蠕动音稀少、微弱，则提示胃内容物干涸或机能减弱，见于真胃阻塞。

③ 肠音增强，见于急性肠炎、肠痉挛、有机磷农药中毒或服用泻剂等；肠音减弱，见于发热性疾病及消化机能障碍等；肠音消失，见于肠套叠及肠便秘等。

3.1.4.6 猪的腹部及胃肠检查

（1）腹部检查

① 方法。主要通过视诊观察腹围大小及外形有无变化。

② 病理状态。

a. 腹围扩大。除见于母猪妊娠后期及饱食后不久等生理情况外，可见于过食或肠臌气、肠变位、肠阻塞等。

b. 腹围缩小。见于长期饲喂不足、顽固性腹泻及某些慢性消耗性疾病等。

（2）胃肠检查

猪的胃肠检查常因猪皮下脂肪太厚以及检查时的尖叫抗拒而效果不佳。猪胃的容积较大，位于剑状软骨上方的左季肋部，其大弯可达剑状软骨后方的腹底部。小肠位于腹腔右侧及左侧下部，结肠呈圆锥状，位于腹腔左侧，盲肠大部分在右侧。

① 方法。

a. 触诊。猪取站立姿势，检查者位于后方或骑跨于猪体上方，用双手深触法自两侧肋弓后开始，逐渐向后上方滑动进行触压检查；或使猪侧卧保定，然后用手掌或并拢、屈曲的手指进行深部触诊。

b. 听诊。用听诊器进行胃肠蠕动音的检查。

② 病理状态。

a. 触诊胃区有疼痛反应（不安、呻吟），可见于胃炎、胃食滞，当胃扩张、胃食滞时行强压触诊或可引起呕吐；肠便秘时深触诊可感知较硬的粪块。

b. 胃肠蠕动音增强或减弱。胃肠炎时蠕动音可增强；重度便秘时肠蠕动音减弱甚至消失。

3.1.4.7　马的腹部及胃肠检查

（1）腹部的视诊、触诊

① 方法。

a. 视诊。腹部的轮廓、外形、容积及肷部的充满程度，应做左右侧对比观察。

b. 触诊。检查者位于腹侧，一只手放于马的背腰部作支点，另一手（检手）以手掌平放于腹侧壁或腹底壁，用腕力做间断性冲击动作，或以手指垂直向腹壁行突击式触诊，以感知腹肌的紧张度、腹内容物的性状并观察动物的反应。

② 病理状态。

a. 腹围膨大。除可见于妊娠外，常见于肠臌气、胃肠积食、腹腔积液及腹壁疝等。肠臌气时，肷窝（尤以右侧）常隆起；当有腹腔积液时，腹围膨大、下垂并多呈向两侧对称扩展的特征。

b. 腹围卷缩。可见于长期饥饿、剧烈的腹泻以及腹肌的紧张。当马患重度的骨软症时，常表现得更为明显。

c. 腹壁敏感。触诊时表现疼痛反应，动物回顾、躲闪、反抗，主要提示腹膜炎。

d. 腹肌高度紧张。主要见于破伤风。

e. 腹腔积液。触诊的手掌可有波动感并有回击波与震荡声，可见于渗出性腹膜炎、肝硬化等。

f. 腹壁疝。对呈现局部性膨大部分进行触诊，常可发现疝环，并经此可将部分脱出的肠管进行还纳。

（2）马胃、肠的检查

① 方法。由于解剖位置关系，马胃的临床检查比较困难。

肠管的检查主要进行听诊，以判定肠蠕动音的频率、性质、强度和持续时间。听诊时，应对两侧各部进行普遍检查，并于每一听诊点听诊不少于 0.5min；小肠主要在左肷部听诊，盲肠在右肷部听诊，右大结肠沿右侧肋弓下方听诊，左侧大结肠则在左腹部下 1/3 处听诊。必要时可配合进行叩诊或直肠检查。

② 正常状态。小肠蠕动音如流水声或含漱声，8～12 次/min；大肠音如雷鸣声或远炮声，4～6 次/min。对靠近腹壁的肠管进行叩诊时，依其内容物性状变化而声响不同，正常时盲肠基部（右肷部）呈鼓音；盲肠体、大结肠则可呈浊音或鼓音。

③ 病理状态。

a. 肠蠕动音亢进。表现为肠音高亢甚至似雷鸣、蠕动音频繁甚至持续不断等，主要见于各型肠炎的初期或胃肠炎，如伴有剧烈腹痛现象时则主要提示为痉挛疝。

b. 肠蠕动音减弱甚至消失。表现为肠音微弱、稀少并持续时间短促，严重时则完全消失，主要见于肠弛缓、便秘，亦可见于胃肠炎的后期；伴有腹痛现象时则常见于肠便秘或肠阻塞。

c. 肠音性质的改变。可表现为频繁的流水声，主要提示为肠炎；频繁的金属音（如叮当声或滴答声），主要提示肠臌气。

d. 叩诊呈片性鼓音区。提示肠臌气；与靠近腹壁的大结肠、盲肠的位置相一致的成片性浊音区，可提示相应肠段的积粪及便秘。

3.1.4.8 犬、猫的胃肠检查

（1）腹部及胃的检查

① 方法。主要用视诊、触诊、叩诊等方法进行检查，还可以根据需要做胃镜检查、X 线检查等。犬、猫的腹壁薄软，腹腔浅显，便于触诊，如将犬、猫前后躯轮流抬高，几乎可触知全部腹腔脏器。

a. 视诊。主要注意观察腹围变化。

b. 触诊。通常将犬、猫放在桌子上令其自然站立，也可横卧或分别提举前、后肢，两手置于两侧肋骨弓的后方，用拇指于肋骨内侧向前上方触压，以感知胃内容物的性状及胃壁的敏感性。

c. 叩诊。犬、猫取仰卧位保定，对胃部进行指指叩诊，空腹时从剑状软骨后直到脐部呈鼓音，采食后则呈浊音。

② 病理状态。

a. 腹围扩大，可见于胃扭转、胃扩张、胃肿瘤及腹腔积液等。腹围缩小，见于急剧性腹泻、长期营养不良及慢性消耗性疾病等。

b. 触诊异常。在两侧肋下部摸到胀满、坚实的胃，提示急性胃扩张；胃部触诊有疼痛反应，提示胃内异物或急性胃卡他、胃炎、胃溃疡、腹膜炎；腹部触诊摸到一个紧张的球状囊袋，提示胃扭转等。肠套叠时，可触摸到质地如鲜香肠样有弹性、弯曲的圆柱形肠段。

c. 胃浊音区扩大，提示食滞性胃扩张；出现大面积鼓音区，提示气胀性胃扩张；胃扭转时，腹部臌胀，叩诊呈鼓音或金属音。

(2) 肠管的检查

① 方法。

a. 触诊。两手置于两侧肋弓后方，逐渐向后上方移动，让肠管等内脏器官滑过各指端进行触诊；也可将两拇指置于腰部，其余指头伸直放于腹壁两侧，逐渐用力压迫，直至两手指端相互接触，以感知腹壁、肠管及可触摸的内脏器官的状态。如将犬或猫的前后躯轮流抬高，几乎可以触及全部腹腔的脏器。

b. 听诊。用听诊器在左右两侧腹壁进行听诊。犬正常的肠音 4～6 次/min，猫为 3～5 次/min，其声音似一种断续的"咕噜"音，其声响和音调变异较大，如小型犬的声响比大、中型犬弱。

c. 直肠检查。检查肛门、肛门腺及会阴部时，检查者戴手套并涂以润滑剂。如出现里急后重、排粪困难，多为直肠和肛门疾病的症状。直肠内检查多行直肠指诊，即以手指伸入肛门检查直肠或经直肠腔检查腹腔和盆腔的器官，主要检查直肠的宽窄、骨盆大小、肛门腺、膀胱、子宫及雄性动物前列腺的情况。

② 病理状态。

a. 触感异常。触压腹壁有疼痛反应，同时腹壁紧张度增高，提示腹膜炎；在腹壁触摸到一坚实或坚硬的腊肠状肠段，提示肠便秘；腹壁局部触痛，并触及臌气的肠段，提示肠缠结、肠扭转；触及腹内坚实而有弹性、弯曲的圆柱形肠段，动物表现剧痛，可见于肠套叠；对腹壁行冲击式触诊感到回击波，并有振水音，提示腹腔积液。

b. 肠音改变。肠音增强，可见于急性肠卡他、胃肠炎、肠便秘及引起腹泻的各种传染病和寄生虫病的初期；肠音减弱或消失，见于肠炎和肠便秘的中后期、肠变位以及发热性疾病而伴有消化机能紊乱时。

3.1.4.9 肝脏及脾脏的检查

（1）肝脏的检查

① 方法。

a. 触诊。触诊肝区以观察动物反应，有时可感知肿大的肝脏边缘。检查牛时在右侧肋弓下进行深部触诊；检查猪时，将猪左侧卧保定，检查者用手掌或并拢屈曲的手指沿右季肋下部进行深触诊；马在右侧肋弓下行强压诊或以并拢且呈屈曲的手指进行深触诊（对消瘦的马）。犬、猫肝脏触诊时，首先可行站立位置，从左右侧用两手的手指于肋弓下向前上方进行触压，可触及肝脏；为了避免腹肌的收缩，应逐渐加压触诊，然后再以侧卧或背位进行触诊；当右侧卧时，由于肝脏紧靠腹壁，则容易在肋下感知肝脏的右缘。

b. 叩诊。大型动物用锤板叩诊法，中小动物可用指指叩诊法，于右侧肝区行强叩诊，以确定肝浊音区。

② 正常状态。健康牛的肝脏位于右季肋部，最前方达第6肋间，其长轴向后向上倾斜，达最后肋间的背侧端，其肝浊音区在第10～11肋间的上部，浊音区呈长方形。健康羊的肝脏位于右季肋部，其浊音区在右侧第8～12肋间。犬、猫的肝脏位于左、右季肋部，浊音区右侧在第7～12肋间，左侧在第7～10肋间。被肺脏掩盖部分呈半浊音，未被肺掩盖部分呈浊音。正常生理情况下，由于动物的营养和胃肠内含气的情况，肝脏浊音区可以有变动。

③ 病理状态。

a. 肝区触诊呈敏感反应，提示急性肝炎。于肋弓下深触诊感知肝脏的边缘，提示肝的高度肿大。

b. 叩诊肝浊音区扩大，提示肝肿大，可见于急性实质性肝炎、肝片吸虫病等。

（2）脾脏的检查

① 方法。

a. 马的脾脏位于左侧腹部紧接肺叩诊区的后方，其后缘大致接近左侧最后肋骨。可依叩诊法确定其浊音区；在该区触诊或可感知其肿大边缘。必要时，可通过直肠检查进行马的脾脏触诊。

b. 牛、羊脾脏位于左季肋部瘤胃与膈之间向前肺叩诊区的后界，并与瘤胃上部紧密相贴，故不易检查。若牛的脾脏显著增大时，在肺与瘤胃之间叩诊可呈一长椭圆形半浊音区，有疼痛反应，见于棘球蚴病等。

c. 犬的脾脏位于左季肋部，主要行外部触诊，使犬右侧卧，左手托其右腹部，右手在左侧肋下向深部压迫，借以触知脾脏的大小、形状、硬度和疼痛反应。

② 病理状态。马的脾脏叩诊浊音区扩大及触诊到脾的后缘超出肋骨弓，提示脾脏肿大。犬的脾脏肿大，见于白血病、急性脾炎、炭疽、巴贝斯虫病等。

3.1.4.10　直肠检查

直肠检查主要应用于大家畜（马、骡、牛等）。将手伸入直肠内，隔着肠壁间接地对后部腹腔器官（胃、肠、肾、脾等）及盆腔器官（子宫、卵巢、腹股沟环、骨盆骨骼、大血管等）进行触诊。中、小家畜在必要时可用手指检查。直肠检查不仅对这些部位的疾病诊断具有一定的价值，而且对某些疾病具有重要的治疗作用（如隔肠破结等）。

（1）准备工作

① 确实保定，以六柱栏保定为宜。去掉臀革并将被检马左、右后肢分别进行保定，以防后踢；为防卧下及跳跃，要加腹带及肩部的压带（绳），还应吊起尾巴。若在野外，可于车辕内（使病马倒向，臀部向外）保定；根据情况和需要，也可横卧保定。牛的保定可钳住鼻中隔，或行后肢保定。

② 术者剪短、磨光指甲，露出手臂并涂以润滑油类，必要时宜用乳胶手套或一次性长臂塑料手套。

③ 对腹压增大的病畜，应先行盲肠穿刺术或瘤胃穿刺术排气，否则腹压过高，不宜检查，特别是横卧保定时，甚至有造成窒息的危险。

④ 对心力衰竭的病畜，可先给予强心剂；对腹痛剧烈的病马应先行镇静（可静脉注射5％水合氯醛酒精液100～300mL）等，以便于检查。

⑤ 一般先用温水或温肥皂水进行灌肠，以缓解直肠的紧张并排出直

肠内蓄积的粪便，然后再行直肠检查。

（2）操作方法

① 术者的手将拇指放于掌心，其余四指并拢集聚呈圆锥状，稍旋转前伸即可通过肛门进入直肠，当肠内蓄积粪便时应将其取出，如膀胱内贮有大量尿液，应按摩、压迫膀胱排空尿液。

② 术者的手沿肠腔方向徐徐伸入，当被检动物频频努责时，术者的手可暂停前进或随之稍后退；肠壁极度收缩时，则暂时停止前进，并让部分肠管套于手臂上；待肠壁弛缓时再徐徐伸入。一般术者的手伸到直肠狭窄部后，即可进行各部及器官的触诊。若被检动物努责过甚，可用1％盐酸普鲁卡因10～30mL进行尾骶穴封闭，使直肠及肛门括约肌弛缓而便于直肠检查。

③ 术者的手在肠管内应手指并拢，不能随意搔抓或以手指锥刺；前进、后退时宜徐缓小心，切忌粗暴，并应按顺序进行检查。

（3）检查顺序

① 肛门及直肠状态检查。检查肛门的紧张程度及其附近有无寄生虫、黏液、血液、肿瘤等，并注意直肠内容物的多少与性状以及黏膜的温度和状态等。

② 骨盆腔内部检查。术者的手稍向前下方检查可摸到膀胱、子宫等。膀胱位于骨盆腔底部。膀胱无尿时，可感触到如梨状大的物体，当膀胱有尿液过度充满时，感觉似一球形囊状物且有弹性波动感。可触诊骨盆壁是否光滑，有无脏器充塞或粘连现象。如被检马、牛有后肢运动障碍时，须检查有无盆骨骨折。

③ 腹腔内部脏器检查。术者手指到达直肠狭窄部时常遇到肠管收缩，找不到肠腔孔，有的初学者就忙于向前去触摸腹腔脏器，往往易牵引、撕裂直肠狭窄部肠管（尤其老龄瘦弱马及幼龄马）。因此，术者手在肠管收缩时，要暂停前进，待部分肠管套于手上，肠管弛缓时，再细心地用指腹沿肠管壁上下左右寻找肠腔孔，把并拢的手指慢慢地通过直肠狭窄部（在多数情况下，手掌不能通过直肠狭窄部），以便于检查。

a. 牛的腹腔内部检查。牛的直肠内部检查顺序：肛门→直肠→骨盆→耻骨前缘→膀胱→子宫→卵巢→瘤胃→盲肠→结肠祥→左肾→输尿管→

腹主动脉→腹壁→子宫中动脉→骨盆部尿道。

瘤胃：其上半部完全占据腹腔左半部，下部一部分延及腹腔右半部。触诊瘤胃时，感知呈捏粉样硬度。瘤胃积食时，触摸瘤胃内容物较坚硬。

肠：全位于腹腔右半部。盲肠在骨盆口前方偏右侧，其尖端的一部分达骨盆腔内，内有少量气体或软的内容物；结肠祥在右肷部，可触到其肠祥排列。结肠祥的周围是空肠及回肠，正常时各部肠管不易区别。

肾：左肾悬垂于腹腔内，近似三棱形，表面有沟。其位置取决于瘤胃的充满程度，可左可右，可由第2～3腰椎延伸到第5～6腰椎。可以用手托起来，或使之移动，检查较为方便。右肾因位置较前，其后缘在第2～3腰椎横突腹侧，整体较难触摸。检查肾脏时应注意其大小、形状、表面性状、硬度等。当患急、慢性肾盂肾炎时，肾脏体积增大，肾小叶外部界线不明显，靠近肾门部位有波动感。

腹主动脉：在椎体下方，腹腔顶部，可以触到粗管状动脉。具有明显搏动感，为腹主动脉。

腹壁：触诊右肷部的腹壁，注意检查有无结节。母畜还可触诊子宫及卵巢的大小、形状和形态的变化。公畜触诊副性腺及骨盆部尿路的变化等。

b. 马的腹腔内部检查。马的直肠内部检查顺序：肛门→直肠→骨盆→膀胱→小结肠→腹膜及腹股沟管内口→左侧大结肠及骨盆曲→腹主动脉→左肾→脾脏→肠系膜根→十二指肠→胃→盲肠→胃状膨大部。

小结肠：术者手向前伸套入直肠狭窄部后，由于小结肠游离性较大，便于检查，因而首先可摸到小结肠内有成串的鸡蛋大小的粪球。

腹膜及腹股沟管内口：先触摸腹壁内面（按上方、侧方、下方的顺序）状态，正常时，表面光滑。然后再检查腹股沟管内口（位于耻骨前下方3～4cm，于体中线左右两侧，距白线11～14cm处），正常时可插入1～2指。检查时应注意腹股沟管内口内径大小，有无疼痛，有无软体物阻塞等。

左侧大结肠：左侧结肠位于腹腔的左侧，耻骨水平面的下方。其骨盆弯曲部在骨盆前口的直前方。其下层结肠内外各具有一条纵带和许多囊状隆起，以上各点在左侧结肠便秘或蓄满积粪时方容易摸到。

左肾：术者手掌向上在脊柱下，可感知腹主动脉的搏动，沿腹主动脉前伸，到第 2～3 腰椎左侧横突下，可触到一半圆形较硬的器官，即是左肾的后半部。

脾脏：检手由左肾下面向左腹壁滑动，到最后肋骨部可触知脾脏的后缘，脾脏后缘呈镰刀状。脾脏后缘一般不超过最后肋骨；但有些马，尤其骡，有时可超过最后肋骨。

肠系膜根：沿腹主动脉向前探索，指尖可感到呈扇形的柔软而有弹力的条索状物，并可感知搏动的脉管。

十二指肠：沿肠系膜根后方，向下距腹主动脉 10～15cm 下方，十二指肠便秘时，可触到由右而左呈弯形横走的圆柱状体，移动性较小，即是十二指肠阻塞。

胃：检手从左肾的前下方前伸，小体型马患急性胃扩张时，在此处可触知膨大的胃后壁，并伴随呼吸而前后移动。

盲肠：在右肷部，触诊盲肠底及盲肠体，呈膨大的囊状，并可摸到由后上方走向前下方的盲肠后纵带。

胃状膨大部：在盲肠底的前下方，当该部便秘时，可触到有坚实内容物的半球形物体，随呼吸而前后移动。

(4) 病理状态

① 脾脏的后移及胃囊的膨大，主要提示马的胃扩张。

② 小结肠及大结肠的骨盆曲、胃状膨大部或左侧上下大结肠、盲肠、十二指肠等部位发现较硬的积粪，主要提示各部位的肠便秘。

③ 大结肠及盲肠内充满大量的气体，腹内压过高，检手移动困难，主要提示肠臌气。

④ 肠系膜动脉根部有明显的动脉瘤，提示肠系膜动脉栓塞。

⑤ 牛右侧腹腔触之异常空虚，多疑为真胃左方变位；真胃及瓣胃正常不能触及，当真胃幽门部阻塞或真胃扭转继发真胃扩张时，或瓣胃阻塞抵至肋弓后缘时，有时于骨腔入口的前下方可摸到其后缘。

注意：必须将直肠检查结果和临床检查的结果加以综合分析，才能提出合理的诊断意见。

3.1.5 排粪动作及粪便的感官检查

3.1.5.1 排粪动作的检查

（1）方法

观察动物排粪的动作和姿势，了解动物排粪次数。正常时，各种动物均具有固有的排粪姿势和相对稳定的排粪次数。

（2）病理状态

① 腹泻（或下痢）。排粪频繁并且粪便稀薄。见于肠卡他、肠炎、猪大肠杆菌病、猪传染性胃肠炎、羔羊痢疾、犬细小病毒病等。

② 便秘。排粪次数减少，排粪费力并且粪便干、硬、色深。见于严重的发热性疾病、大肠便秘、反刍动物前胃弛缓、瘤胃积食等疾病。

③ 排粪失禁。动物呈现固有的排粪姿势，腹肌不收缩而粪便自行经肛门流出，提示肛门括约肌松弛或麻痹。常见于急性胃肠炎、荐部脊髓损伤。

④ 排粪疼痛。动物排粪时，表现疼痛不安或伴有呻吟，可见于腹膜炎、直肠损伤、创伤性网胃炎等。

⑤ 里急后重。动物长时间采取排粪姿势或反复、频做排粪动作，用力努责，而仅有少量粪便或黏液排出。可见于直肠炎或牛的子宫、阴道炎症。

3.1.5.2 粪便的感官检查

（1）方法

注意检查粪便的臭味、数量、形状、颜色及混杂物。

（2）正常状态

各种动物的排粪量和粪便性状，受饲料的数量特别是质量的影响极大。

① 马。每昼夜排粪为 8～11 次，粪量 15～20kg，呈球形，落地后部分碎开，多为黄绿色。

② 牛。每昼夜排粪 12～18 次，粪量 15～35kg，较软，落地形成叠层状粪盘，但水牛的粪便多较稀；乳牛采食大量青饲料时则粪便亦甚稀薄。

③ 羊。其粪多呈极小的干球状。

④ 猪。依饲料的性质、组成不同而异。

（3）病理状态

① 粪便有特殊腐败或酸臭味，多见于各型肠炎或消化不良。

② 粪便坚硬、色深，见于肠弛缓、便秘、热性病；牛在稀粪中混有片状硬粪块提示瓣胃阻塞。粪便稀软、水样，常是下痢之征；水牛粪便呈柏油样可见于胃肠阻塞。

③ 粪便呈黑色，提示胃或前部肠道的出血性疾病。粪球外部附有红色血液，是后部肠管出血的特征。粪便呈灰色黏土状而缺乏粪胆素，可见于某些动物的阻塞性黄疸。

④ 粪便混有未消化饲料残渣，提示消化不良。混有多量黏液，可见于肠卡他。混有血液或排血样便，是出血性肠炎的特征。混有灰白色、成片状的脱落黏膜，提示伪膜性肠炎，亦可见于猪瘟等。

3.2 呼吸系统检查

3.2.1 呼吸运动的检查

呼吸运动是指动物呼吸肌收缩和舒张所造成的胸廓扩张和缩小的过程，从而带动肺脏的扩张和收缩，这一过程主要由膈肌和肋间肌的收缩和松弛来完成。检查呼吸运动，应计数呼吸频率，注意呼吸类型及呼吸节律的改变，以判定呼吸类型及有无呼吸困难。

3.2.1.1 呼吸频率检查

详见 2.6.3 小节。

3.2.1.2 观察呼吸类型

（1）方法

注意观察呼吸过程中胸廓、腹壁的起伏活动强度及对称性，以判定呼吸类型。

（2）正常状态

呼吸类型又称呼吸方式（简称呼吸式）。健康动物（除犬外）均为胸腹式呼吸，即在呼吸时胸壁和腹壁的起伏动作协调，呼吸肌的收缩强度亦大致相等。健康犬则以胸式呼吸占优势。

（3）病理状态

① 胸式呼吸。表现为呼吸活动中胸壁的起伏动作占优势，腹部的肌肉活动微弱或消失，胸壁的起伏明显大于腹壁，表明病变在腹腔器官和腹壁。主要见于膈肌的活动受阻及引起腹压显著升高的疾病，如牛创伤性网胃膈肌炎、马的急性胃扩张、重度肠臌气、急性腹膜炎及腹壁外伤等。

② 腹式呼吸。呼吸过程中腹壁的活动特别明显，而胸壁起伏活动很微弱，提示病变在胸部。可见于肺气肿及伴有胸壁疼痛的疾病（如胸膜炎、肋骨骨折等），猪气喘病时也多呈明显的腹式呼吸。

3.2.1.3　观察呼吸节律

（1）方法

观察呼吸过程，根据每次呼吸的深度及间隔时间的均匀性判定呼吸节律。

（2）正常状态

健康动物呼吸运动呈一定的节律性，即每次呼吸之间间隔的时间相等，并且具有一定的深度和长度，如此周而复始的呼吸称为节律呼吸。生理情况下，吸气与呼气时间之比因动物种类不同而有一定差异，牛为 $1:1.26$，绵羊和猪为 $1:1$，山羊为 $1:2.7$，马为 $1:1.8$，犬为 $1:1.64$。呼吸节律随运动、兴奋、尖叫、嗅闻及惊恐等因素而发生暂时性的改变。

（3）病理状态

① 吸气延长。吸入气体发生障碍，表现为吸气时间明显延长，吸气费力。提示上呼吸道发生狭窄或阻塞，见于鼻炎、喉水肿等。

② 呼气延长。肺内气体排出受阻，表现为呼气时间明显延长。提示肺泡弹性下降及细支气管狭窄。见于细支气管炎、肺气肿等。

③ 间断性呼吸。吸气或呼气过程分成二段或若干段，表现为断续性的浅而快的呼吸。可见于胸膜炎、细支气管炎、慢性肺气肿以及伴有疼痛的胸腹部疾病，也见于呼吸中枢兴奋性降低时，如脑炎、脑膜炎、中毒性疾病等。

④ 陈-施呼吸。表现为呼吸活动由微弱开始并逐渐加深、加强、加快，达到一定高度后又逐渐变浅、减弱、变慢，最后经短暂停息（数秒至

数十秒钟），然后再重复上述呼吸，呈周期性，这种波浪式呼吸节律又称为潮式呼吸。可见于呼吸中枢的供氧不足及其兴奋性减退，如脑病、重度的肾脏疾病及某些中毒性疾病等。

⑤ 比奥呼吸。表现为连续的数次深度大致相等的深呼吸与呼吸暂停交替出现的呼吸节律，又称间停呼吸。主要提示呼吸中枢兴奋性极度降低，病情较潮式呼吸严重，如各型脑膜炎、中毒性疾病及濒死期，多预后不良。

⑥ 库斯莫尔呼吸。呼吸明显加深并延长，同时呼吸次数减少，但不中断，并伴有如鼻鼾声或狭窄音的呼吸杂音。提示呼吸中枢衰竭的晚期，是病危的征兆。可见于脑脊髓炎、脑水肿、大失血、尿毒症及濒死期状态。

3.2.1.4 呼吸困难的判定

呼吸频率增加，呼吸深度和呼吸节律异常，并有辅助呼吸肌参与呼吸活动，呈现一种复杂的呼吸障碍，称为呼吸困难。高度的呼吸困难称为气喘。

（1）方法

观察动物的姿态及呼吸类型、节律是否发生改变，同时注意辅助呼吸肌是否参与呼吸活动。

（2）病理状态

① 吸气性呼吸困难。指呼吸时吸气动作困难。表现为动物头颈平伸、鼻翼开张、胸廓极度扩展、肋间凹陷、吸气时间延长并常伴有吸气时的狭窄音，此时呼气并不发生困难；同时多伴呼吸次数减少，严重者甚至可呈张口吸气。见于上呼吸道狭窄或阻塞性疾病。

② 呼气性呼吸困难。指肺泡内的气体呼出困难。表现为辅助呼气肌（主要是腹肌）参与活动，呼气时间显著延长，多呈两段呼出，沿肋弓形成凹陷（称喘线），脊背弓起，肷窝变平，甚至肛门外突，多见于慢性肺气肿、细支气管炎、细支气管痉挛，也可见于弥漫性支气管炎。

③ 混合性呼吸困难。指吸气及呼气均发生困难，同时多伴有呼吸次数的增多。混合性呼吸困难可见于支气管炎、肺和胸膜的各种疾病、心肌功能障碍、重度贫血及急性感染性疾病等。

3.2.2 呼出气、鼻液、咳嗽的检查

3.2.2.1 呼出气的检查

（1）方法

检查者手背或手掌置于鼻孔前，感觉两侧鼻孔呼出气流的强度、温度；同时用手将呼出气扇向自己鼻部，感觉呼出气体的气味。

（2）正常状态

健康动物两侧鼻孔呼出气流的强度相等，呼出的气流稍有温热感，没有特殊气味。

（3）病理状态

① 两侧鼻孔呼出的气流强度不一致或变弱，提示单侧或两侧鼻腔或咽喉部狭窄，可见于鼻腔内有肿瘤，也可见于鼻黏膜、鼻旁窦、喉囊存在炎性肿胀或大量蓄脓。

② 呼出气流温度变化。呼出气流温度增高，可见于发热性疾病；温度显著降低，可见于虚脱、重症脑病及严重的中毒等。

③ 呼出气有异味。有难闻的腐败臭味，表示上呼吸道或肺脏的化脓或腐败性炎症，有肺坏疽时更为典型，也可见于霉菌性肺炎及鼻旁窦炎；当牛患醋酮血病时，呼出气体有酮臭味。

3.2.2.2 鼻液检查

鼻液（除正常状态的水牛外）常是呼吸道异常分泌而从鼻腔排出的病理性产物。

（1）方法

观察鼻液的量、颜色、性状、稠度及混有物，同时注意鼻液有无特殊臭味。

（2）正常状态

健康动物鼻黏膜均分泌少量浆液和黏液，不同动物都有其特殊的排鼻液的方式，如马、猪和羊等动物均以喷鼻或咽下的方式排出鼻液，牛、犬和猫等动物则用舌舐去鼻液，故从外表看不见或仅能看到少量鼻液。

（3）病理状态

① 鼻液量改变。鼻液量可反映炎症渗出的范围、程度及病期。

a. 单侧流鼻液，提示鼻腔、喉囊和鼻旁窦的单侧性病变。

b. 双侧流鼻液则多来源于喉以下的气管、支气管及肺。

c. 一般炎症的初期、局灶性病变及慢性呼吸道疾病鼻液少，如慢性卡他性鼻炎、轻度感冒、气管炎初期等。

d. 上呼吸道疾病的急性期和肺部严重疾病时，常出现大量的鼻液，如犬瘟热、流行性感冒、牛肺结核、急性咽喉炎、肺脓肿、大叶性肺炎的溶解期、马腺疫、开放性鼻疽等。

② 鼻液的性状改变。由于炎症性质和病理过程的不同，鼻液性状可分为浆液性、黏液性、黏脓性、腐败性、出血性和铁锈色等。

a. 浆液性鼻液——流出的鼻液稀薄如水，无色透明，不粘在鼻孔的周围。可见于急性鼻卡他、流行性感冒、马腺疫初期等。

b. 黏液性鼻液——鼻液呈蛋清样或粥状，黏稠，白色或灰白色，常混有脱落的上皮细胞和炎性细胞等，有腥臭味。常见于呼吸道卡他性炎症中期或恢复期以及慢性呼吸道炎症的过程。

c. 黏脓性鼻液——鼻液黏稠浑浊，呈糊状、凝乳状或凝集成块，黄色或淡黄色，具有脓味或恶臭味，为化脓性炎症的特征。常见于化脓性鼻炎、鼻旁窦蓄脓、肺脓肿破裂、犬瘟热、马腺疫、鼻疽等。

d. 腐败性鼻液——鼻液污秽不洁，呈灰色或暗褐色，具有腐败性的恶臭。常见于坏疽性鼻炎、腐败性支气管炎、肺坏疽。

e. 出血性鼻液——鼻液中混有血液，如混有的血液为淡红色，且其中混有泡沫或小气泡，则为肺充血、肺水肿和肺出血的征兆。有较多的血液流出，主要见于鼻黏膜外伤、鼻出血、猪的传染性萎缩性鼻炎等。

f. 铁锈色鼻液——鼻液为均匀的铁锈色，是大叶性肺炎和传染性胸膜肺炎的特征。

（4）鼻液中出现混杂物

鼻液中混有多量小气泡，反映病理产物来源于细支气管或肺泡；混有红褐色组织块可见于肺坏疽；混有饲料或其残渣，提示伴有吞咽障碍或呕吐。

3.2.2.3 咳嗽检查

咳嗽是动物的一种反射性保护动作，同时也是呼吸器官疾病过程中最常见的一种症状。当喉、气管、支气管、肺、胸膜等部位发生炎症或受到刺激时，呼吸中枢兴奋，在深吸气后声门关闭，继而突然剧烈呼气，则气流猛烈冲开声门，形成一种爆发的声音，并将呼吸道中的异物或分泌物咳出，即为咳嗽。

（1）方法

听取咳嗽的声音，注意咳嗽的性质、强度及疼痛反应等，必要时做人工诱咳试验。具体操作方法如下。

① 马属动物取站立姿势，检查者位于动物胸前的侧方；一只手放于动物的鬐甲部，用另一只手的拇指、食指和中指分别握住动物的喉头及一、二节气管环，轻轻加压的同时向上提举，同时观察动物的反应。

② 牛可用暂时捂鼻的方法诱发咳嗽，即用多层湿润的毛巾遮盖或闭塞鼻孔一定时间后迅速放开；或用一特制的橡皮（或塑料）套鼻袋，紧紧地套于牛的口鼻部，使牛中断呼吸片刻，再迅速去掉套鼻袋，使牛出现深吸气，则可出现咳嗽。

③ 小动物经短时间闭塞鼻孔或捏压喉部、叩击胸壁均可引起咳嗽。

（2）正常状态

健康动物通常不发生咳嗽，或偶有一两声咳嗽。在人工诱咳时可引起一两声的咳嗽反应；如呈连续性的频繁咳嗽，常为喉、气管的敏感反应。

（3）病理状态

① 湿咳。咳嗽声音低而长，伴有湿啰音，称为湿咳，反映炎症产物较稀薄。可见于咽喉炎、支气管炎、支气管肺炎和肺坏疽的中期。

② 干咳。若咳声高而短，是干咳的特征，表示病理产物较黏稠或管腔发炎肿胀。可见于急性喉炎初期、慢性支气管炎等。

③ 痉挛性咳嗽。频繁、剧烈而连续性的咳嗽为痉挛性咳嗽，常为喉、气管炎的特征。马的传染性上呼吸道卡他更为典型；猪的频繁而剧烈甚至呈痉挛性的咳嗽，多见于重症的气喘病、慢性猪肺疫，当猪患后圆线虫病时常见阵发性咳嗽。

④ 痛咳。咳嗽的同时动物表现疼痛、不安、尽力抑制，则为疼痛性的表现，可见于呼吸道异物、喉炎、胸膜炎、异物性肺炎等。

3.2.3 上呼吸道检查

3.2.3.1 鼻部及鼻旁窦的检查

（1）方法

观察鼻部及鼻旁窦有无表在病变及形态改变；注意有无水疱；触诊或叩诊鼻旁窦判断动物有无敏感反应及叩诊音的改变。

（2）病理状态

① 鼻部的肿胀、膨隆和变形。

a. 马的鼻面部、唇周围皮下浮肿，外观呈河马头状特征，可见于血斑病。

b. 鼻面部膨隆，常见于骨软症，而以幼驹更为典型。

c. 窦炎或蓄脓症时可见局部隆突、肿胀，甚至骨质变软。

d. 猪的鼻面部短缩、歪曲、变形，是传染性萎缩性鼻炎的特征。

e. 鼻部出现水疱，可见于口蹄疫、猪传染性水疱病等。

② 鼻部的痒感。当动物鼻部及其邻近组织发痒时，病畜常用爪（蹄）搔痒，或在栅栏、饲槽、木桩、树干、墙壁等处蹭痒，长期蹭痒会使鼻部脱毛、出血和皮肤损伤。见于鼻卡他、猪传染性萎缩性鼻炎、鼻腔寄生虫病、异物刺激等。

③ 鼻旁窦敏感及叩诊呈浊音。提示鼻窦炎、鼻窦积液或蓄脓，重者多伴有颜面、鼻窦部的肿胀、变形，且患侧鼻孔常流脓性分泌物，低头时流出量增多。

3.2.3.2 鼻腔检查

（1）方法

在光线明亮的地方或借助人工光源检查，应注意鼻黏膜的颜色、有无肿胀、结节、溃疡或瘢痕。

① 单手法。一只手握笼头，另一只手（右手）的拇指和中指夹住其外鼻翼并向外拉开，食指将其内鼻翼挑起。

② 双手法。由助手保定并抬起动物的头部，检查者分别用两手拉开动物的两侧鼻翼即可。

（2）正常状态

健康动物的鼻黏膜稍湿润、有光泽、呈淡红色。牛的鼻黏膜前部多有色素附着，所以诊断价值不大。

（3）病理状态

鼻黏膜的潮红、肿胀主要见于鼻卡他及流行性感冒。马鼻黏膜出现的结节、溃疡或瘢痕（冰花样或星芒状），常提示为鼻腔鼻疽。

3.2.3.3 喉及气管的检查

（1）方法

主要采用视诊、触诊和听诊的方法进行。

① 视诊。观察动物喉部是否肿胀，有无异常表现。猪和禽类、肉食兽可打开口腔直接对喉腔及其黏膜进行视诊。

② 触诊。检查大动物及羊时，检查者可站于动物的头颈部侧方，分别以两手自喉部两侧同时轻轻加压并向周围滑动，以感知喉部的温度、硬度和敏感度，注意观察局部有无肿胀。

③ 听诊。用听诊器分别听取喉和气管的呼吸音，注意呼吸音有无改变。

（2）正常状态

健康动物的触诊和视诊多无异常表现，听诊喉呼吸音为类似"赫—赫"的声音，而气管呼吸音则较为柔和。

（3）病理状态

① 喉部周围组织和附近淋巴结有热感、肿胀、敏感性增高，主要见于喉炎、咽喉炎、马腺疫、急性猪肺疫或猪、牛的炭疽等。禽类喉腔若出现黏膜肿胀、潮红或附有黄白色伪膜，是各型喉炎的特征。

② 喉和气管呼吸音异常

a. 呼吸音增强。喉和气管呼吸音强大粗厉，见于各种出现呼吸困难的病畜。

b. 喉狭窄音。呼吸时喉部发出类似口哨声、呼噜声以至似拉锯声，有时声音相当强大，以致在数十步之外都可听到，常见于喉水肿、咽喉炎、喉和气管炎、喉肿瘤、放线菌病及马腺疫等。

c. 啰音。当喉和气管内有分泌物存在时，可听到啰音，若分泌物黏稠，类似吹哨音或咝咝音，称干啰音；若分泌物稀薄，则出现湿啰音，呈呼噜声，多见于喉炎、气管炎和气管内异物等。

3.2.4　胸廓及胸壁的检查

3.2.4.1　胸廓及胸壁的视诊和触诊

（1）方法

① 视诊。观察动物胸廓的外形，并由正前方或后方对比观察两侧的对称性。

② 触诊。触诊胸壁的目的在于判断其温度、敏感性，以及胸壁或胸下有无浮肿、气肿和胸壁震颤，并注意肋骨有无变形或骨折。检查时要注意左右对照。

（2）病理状态

① 胸廓形态异常。狭胸表现为胸廓的左右横径短小，见于发育不良或骨软病；桶状胸，表现为左右横径增大，主要见于慢性肺气肿；单侧气胸时，可见胸廓左右不对称。

② 胸壁敏感。触诊胸壁时动物回视、躲闪、反抗，是胸壁敏感反应，主要见于胸膜炎及肋骨骨折；纤维素性胸膜炎时，可感知胸壁震颤。

③ 胸壁温度增高。局部温度增高，见于局部炎症。胸侧壁温度增高，见于胸膜炎。

④ 胸骨与肋骨变形。幼畜的各条肋骨与肋软骨结合处呈串珠状肿胀，是佝偻病的特征；鸡的胸骨弯曲、变形，提示钙缺乏。肋骨变形、有折断痕迹或有骨折、骨瘤，可提示骨软症及氟骨病。

3.2.4.2　胸肺部的叩诊

叩诊的目的主要在于发现叩诊音的改变，并明确叩诊区域的变化，同时注意动物对叩诊的敏感反应。

（1）叩诊方法

大动物宜用锤板叩诊法，中小动物可用指指叩诊法。在两侧肺区均应由前到后（沿水平线）或自上而下（沿每个肋间隙）每隔 3～4cm 做一叩诊点，每个叩诊点叩击 2～3 次，依次进行普遍的叩诊检查。

（2）注意事项

① 叩诊时除应遵循一般注意事项外，对消瘦的动物，叩诊板（或用作叩诊板的手指）宜沿肋间放置。

② 叩诊的强度应依不同区域的胸壁厚度及叩诊的不同目的而变化，肺区的前上方宜行强叩诊，后下方应轻叩诊，发现深部病变应行强叩诊。

③ 对病区与周围健区，在左右两侧的相应区域应进行比较叩诊，以确切地判定其病理变化。

（3）正常状态

健康动物的肺区，叩诊呈清音，以肺的中 1/3 部最为清楚，而上 1/3 部与下 1/3 部声音逐渐变弱，而肺的边缘则近似半浊音。由于肺的前部被发达的肌肉和骨骼所掩盖，使得叩诊无法检查，因此，健康动物的肺叩诊区只相当于肺的体表投影区的 2/3。肺叩诊区因动物种类不同而有很大差异。

① 牛、羊的肺叩诊区。叩诊区的上界为一条距背中线约一掌宽（10cm 左右）、与脊柱相平行的直线；前界为自肩胛骨后角并沿肘肌群后缘向下画出的一条近似 S 形的曲线，止于第 4 肋间；后下界是一条由第 12 肋骨与背界的交点处起，向下、向前的弧线（经髋结节水平线与第 11 肋间的交点及肩关节水平线与第 8 肋间的交点），其下端终于第 4 肋间。此外，在瘦牛的肩前 1～3 肋间，尚有一狭小的肩前叩诊区，上部宽 6～8cm，下部宽 2～3cm。羊的叩诊区与牛略同，但无肩前叩诊区。

② 马肺脏叩诊区。确定方法是引三条水平线：第一条是髋结节水平线；第二条是坐骨结节水平线；第三条是肩关节水平线。叩诊区的后下界为由髋结节水平线与第 16 肋骨的交点、坐骨结节水平线与第 14 肋骨的交点及肩关节水平线与第 10 肋骨的交点连接所成的弧线，其下端终于第 5 肋骨；叩诊区的前界，为肩胛骨后角向下引的垂线，其下端终于肘头上方；叩诊区的上界，为肩胛骨后角引向髋结节内角的直线。

③ 猪肺叩诊区。上界距背中线 4～5 指宽，后界由第 11 肋骨开始，向下、向前经坐骨结节线与第 9 肋间的交点、肩关节水平线与第 7 肋间的交点，止于第 4 肋间。肥猪的肺叩诊区不明显，且其上界下移，前界后移，叩诊音也不如其他动物明显。

④ 犬肺叩诊区。前界自肩胛骨后角并沿其后缘所引垂线，下止于第 6 肋间下部；上界自肩胛骨后角所画水平线，距背中线 2～3 指宽；后界自第 12 肋骨与上界交点开始，向下、向前经髋结节水平线与第 11 肋间交点、坐骨结节线与第 10 肋间交点、肩关节线与第 8 肋间交点，到第 6 肋间下部与前界相交。

（4）病理状态

① 胸壁敏感。叩诊胸部时，动物表现回视、躲闪、反抗等疼痛不安现象，是胸膜炎的重要特征。

② 叩诊区扩大或缩小。叩诊区变动范围与正常肺脏区相差2～3cm以上时，才认为是病理现象。

肺叩诊区扩大（主要表现为后下界后移），提示肺体积增大（肺气肿）或胸腔积气。

叩诊区缩小（主要表现后界前移），主要是腹压增高性疾病，常见于急性胃扩张、急性肠臌气、急性瘤胃臌气、急性瘤胃积食、腹腔积液等。

③ 叩诊音的变化。

a. 浊音或半浊音。表明所叩击的肺组织不含空气或含气极少。见于肺充血、肺水肿、肺结核、胸腔积液等。散在性浊音区，提示小叶性肺炎；成片性浊音区，是大叶性肺炎肝变期的特征。

b. 水平浊音。当胸腔积液达一定量时，叩诊积液部位呈浊音，由于液体上界呈水平面，故浊音区的上界呈水平线，称水平浊音。水平浊音的位置可随动物体位及姿势的改变而发生变化。主要见于渗出性胸膜炎或胸腔积水。

c. 鼓音。表明有肺空洞、支气管扩张、气胸或含气的腹腔器官进入胸腔等现象存在。可见于肺脓肿或肺坏疽的破溃期、肺结核的空洞期、慢性支气管炎、牛肺疫、胸腔积气及膈疝等。

d. 过清音。表明肺内气体过度充盈，其音质类似敲打空盒的声音，故又称空盒音。主要见于肺泡气肿，亦可见于肺部疾患时的代偿区（病灶周围）。

e. 金属音。表明肺组织内有较大的肺空洞，且位置浅表、四壁光滑而紧张。其音调比鼓音高朗，类似敲打金属容器所发出的声音。可见于肺脓肿或肺坏疽的破溃期、肺结核的空洞期，也可见于气胸、心包积液与积气同时存在使心包达一定紧张度等情况。

f. 破壶音。表明有与支气管相通的较大肺空洞存在，其音类似叩击破壶所发出的声音。见于肺脓肿、肺坏疽和肺结核等形成大空洞时。

3.2.4.3 胸肺部的听诊

肺听诊区和叩诊区基本一致。胸、肺部听诊时，应注意呼吸音的强度、性质及病理性呼吸音的出现。

（1）**方法**

一般多用听诊器进行间接听诊，听诊时，首先从肺叩诊区的中 1/3 部开始，由前向后逐渐听取，其次是上 1/3 部，最后听诊下 1/3 部，每一听诊点的距离为 3～4cm，每一听诊点应连续听诊 3～4 个呼吸周期，对动物的两侧肺区应普遍地进行听诊。

（2）**注意事项**

① 听诊时，应密切注视动物胸壁的起伏活动，以便辨别吸气与呼气阶段。

② 如呼吸活动微弱、呼吸音不清时，可人为地使动物的呼吸活动加强，如短时捂住动物的鼻孔并于放开之后立即听诊，或使动物做短暂的运动后听诊。

③ 发现异常改变时应与周围健区以及对侧的相应区域进行比较听诊，以确切地判断病理变化。

（3）**正常状态**

① 肺泡呼吸音。健康动物可听到微弱的肺泡呼吸音，于吸气阶段较清楚，尤其是吸气末尾时最强，音调较高，时相较长，而呼气时声响较弱，音调较低，时相较短，呼气末尾时听不清楚，其音质状如柔和的吹风样或类似轻读"夫、夫"的声音。整个肺区均可听到肺泡呼吸音，但以肺区的中部最为明显。各种动物中，犬和猫的肺泡呼吸音最强，其次是绵羊、山羊和牛，而马的肺泡音最弱；幼畜比成年动物肺泡音强。

② 支气管呼吸音。支气管呼吸音实为喉呼吸音和气管呼吸音的延续，但较气管呼吸音弱，比肺泡呼吸音强，其性质类似舌尖抵住上腭呼气所发出的"赫、赫"音，特征为吸气时弱而短，呼气时强而长，声音粗糙而高。马的肺区通常听不到支气管呼吸音，其他动物仅在肩后 3～4 肋间、靠近肩关节水平线附近区域能听到，但常与肺泡呼吸音形成支气管肺泡呼吸音（混合性呼吸音），其声音特征为吸气时主要是肺泡呼吸音，声音较为柔和，而呼气时则主要为支气管呼吸音，声音较粗厉，近似于"夫—赫"的声音。犬在整个肺区都能听到明显的支气管呼吸音。

（4）病理状态

① 病理性肺泡呼吸音。

a. 肺泡音增强。普遍增强，为两侧整个肺区肺泡呼吸音均增强，表明呼吸中枢兴奋、呼吸运动和肺换气功能增强，见于发热性疾病、贫血、代谢性酸中毒及支气管炎、肺炎或肺充血的初期。

局限性增强，又称代偿性增强，是指由于一部分或一侧肺组织有病变而使其呼吸机能减弱或消失，健康或无病变肺组织呼吸机能代偿性增强，见于大叶性肺炎、小叶性肺炎、肺结核、渗出性胸膜炎等疾病时的健康肺区。

b. 肺泡呼吸音减弱或消失。表现为肺泡呼吸音变弱或完全听不到，表明进入肺泡的空气量减少或空气完全不能进入肺泡，见于上呼吸道狭窄、胸部疼痛性疾病、全身极度衰弱（脑炎后期、中毒性疾病后期以及濒死期等）、呼吸麻痹及膈肌运动障碍等，或肺组织的弹性减弱或消失，见于各型肺炎、肺结核、引起肺部分泌物增加的疾病及肺气肿等。或呼吸音传导障碍，见于渗出性胸膜炎、胸壁肥厚和气胸等。

② 病理性支气管呼吸音。在马的肺区内听到支气管呼吸音，其他动物的肺区听到单纯的支气管呼吸音，均为病理性支气管呼吸音。可见于大叶性肺炎的实变期、广泛的肺结核、牛肺疫、猪肺疫及渗出性胸膜炎、胸腔积液等压迫肺组织时。

③ 病理混合呼吸音。在正常肺泡音区域内听到混合性呼吸音，系病理性的，表明较深的肺组织发生实变，而周围被正常的肺组织所覆盖，或较小的肺部实变组织与正常含气的肺组织混合存在。可见于大叶性肺炎或胸膜肺炎的初期、小叶性肺炎和散在性肺结核等。

④ 呼吸杂音。伴随呼吸活动产生肺泡呼吸音和支气管呼吸音以外的附加音。

a. 啰音。主要出现于吸气的末期，呈尖锐或断续性，可因咳嗽而消失，是呼吸道内积有病理性产物的标志。啰音分干啰音与湿啰音。

干啰音：声音尖锐，似蜂鸣、飞箭、类鼾声，表明支气管肿胀、狭窄或分泌物较为黏稠。主要见于弥漫性支气管炎、支气管肺炎、慢性肺气肿、牛结核和间质性肺炎等。

湿啰音：又称水泡音，似水泡破裂声。水泡音是支气管炎与肺炎的重要症状，反映气管内有较稀薄的病理产物。主要见于支气管炎、各型肺炎、肺水肿、肺淤血及异物性肺炎等。

b. 捻发音。捻发音是肺泡内有少量黏稠分泌物，使肺泡壁或毛细支气管壁互相黏合在一起，当吸气时气流可使黏合的肺泡壁或毛细支气管壁被突然冲开所发出的一种爆裂音，类似在耳边揉捻毛发所发出的极细碎而均匀的"噼啪"音，其特征是仅在吸气时可听到，在吸气之末最为清楚。捻发音比较稳定，不因咳嗽而消失。可见于毛细支气管炎、肺水肿、肺充血的初期等。

c. 胸膜摩擦音。当发生胸膜炎时，特别是有纤维蛋白沉着时，胸膜的脏层与壁层变得粗糙不平，呼吸时两层粗糙的胸膜面互相摩擦所发生的声音，即为胸膜摩擦音。胸膜摩擦音的特点是干而粗糙，声音接近体表，出现于吸气末期及呼气初期，且呈断续性，摩擦音常发生于肺移动最大的部位，即肘后、肺叩诊区下 1/3、肋弓的倾斜部。有明显摩擦音的部位，触诊可感到有胸膜摩擦感和疼痛表现。胸膜摩擦音是纤维素性胸膜炎的特征，可见于大叶性肺炎、各型传染性胸膜肺炎及猪肺疫等。

3.3 循环系统检查

3.3.1 心脏检查

3.3.1.1 心搏动检查

（1）方法

主要应用视诊与触诊进行。

① 检查者位于动物左侧方，视诊时仔细观察左侧后心区被毛及胸壁的振动情况。

② 触诊时，一般在左侧进行，检查者一只手（通常是右手）放于动物的鬐甲部，用另一只手（通常是左手）的手掌紧贴于动物的左侧肘后心区，感知心搏动的状态。

③ 必要时可在右侧进行检查，主要判定心搏动的位置、频率及强度变化。

（2）正常状态

健康动物，随每次心室的收缩而引起左侧心区附近胸壁的轻微振动。牛、羊心搏动在肩端线下 1/2 部的第 3～5 肋间，以第 4 肋间最明显；马的心搏动在左侧胸廓下 1/3 部的第 3～6 肋间，以第 5 肋间最明显；犬的心搏动在左侧第 4～6 肋间的胸廓下 1/3 处，以第 5 肋间最明显。

由于胸壁振动的强度受动物的营养状态和胸壁厚度的影响，所以营养过剩、胸壁较厚的动物，其心搏动较弱；相反，消瘦的个体胸壁较薄，其心搏动较强。动物在运动过后、兴奋或恐慌时，亦可见有心理性的搏动增强。

（3）病理状态

① 心搏动减弱。触诊时感到心搏动力量减弱，并且区域缩小，甚至难以感知，多因胸壁浮肿、气肿、脂肪过多沉积及心功能衰竭等造成，也可见于胸腔积液、肺气肿及创伤性心包炎等。

② 心搏动增强。触诊时感到心搏动强而有力，并且区域扩大，甚至引起动物全身的振动，有时沿脊柱亦可感到心搏动。当心搏动过强，伴随每次心搏动而引起的动物体壁发生振动的现象，称为心悸。主要见于热性病初期、心脏病代偿期、贫血性疾病及伴有剧烈疼痛的疾病。

③ 心搏动移位。向前移位，见于胃扩张、腹腔积液、膈疝；向右移位，见于左侧胸腔积液；向后移位，见于气胸或肺气肿等。

④ 心区压痛。触压心区时，动物表现出敏感、躲闪、呻吟等疼痛症状，可见于心包炎、胸膜炎等。

3.3.1.2 心脏听诊

（1）方法

被检动物取站立姿势，使其左前肢向前伸出半步，以充分显露心区。检查者将听诊器集音头放于心区部位即可进行间接听诊。

应遵循一般听诊的常规注意事项。当心音过于微弱而听不清时，可使动物做短暂的运动，并在运动之后立即听诊，可使心音加强而便于辨认。

听诊心音时，主要应注意心音的频率、强度、性质及是否有分裂、杂音或节律不齐。

（2）正常特点

① 马。第一心音的音调较低，持续时间较长且尾音拖长；第二心音短促、清脆，且尾音突然停止。

② 牛、骆驼、山羊。黄牛一般较马的心音清晰，尤其第一心音明显，但持续时间较短；水牛及骆驼的心音则不如马和黄牛清晰。山羊心音较清晰，但第二心音较弱。

③ 猪。心音较钝浊，且两个心音的间隔大致相等。

④ 犬。心音清亮，且第一与第二心音的音调、强度、间隔及持续时间均大致相同。

区别第一与第二心音时，除可根据上述心音的特点外，第一心音产生于心室收缩期中，与心搏动、动脉搏动同时出现，于心尖部听诊清晰，第一心音至第二心音间隔的时间短；而第二心音则产生于心室舒张期中，与心搏动、动脉脉搏出现时间不一致，在心基部听诊清晰，第二心音至下次心动产生的第一心音间隔的时间稍长。

（3）病理状态

① 心音频率改变。心音频率是指每分钟的心音次数。高于正常值时，称心动过速；低于正常值时，称心动徐缓。其引起的原因和诊断意义与心搏动及动脉脉搏频率的异常变化基本相同。

② 心音的强度变化。

a. 第一、二心音均增强，可见于热性病的初期、心脏机能亢进以及兴奋或伴有剧痛性的疾病及贫血等。

b. 第一、二心音均减弱，可见于心脏机能障碍的后期、濒死期、严重的贫血及渗出性胸膜炎、心包炎等。

c. 第一心音显著增强的同时，常伴有明显的心悸，而第二心音微弱甚至听取不清，主要见于心力衰竭或大失血、失水以及其他引起动脉血压显著下降的各种病理过程。

d. 第一心音减弱，主要见于二尖瓣闭锁不全、心肌炎及心脏扩张等，常可能伴有心杂音。

e. 第二心音增强，主要由肺动脉及主动脉血压升高所致，可见于肺气肿或肾炎。

f. 第二心音减弱，可见于各种原因引起的心动过速、贫血和休克等。

③ 心音性质改变。常表现为心音浑浊，音调低沉且含混不清，听诊时无法区分第一心音和第二心音。主要见于热性病及其他导致心肌损害的

多种病理过程。

④ 心音分裂。表现为某个心音分成两个相连的心音，以致每一心动周期中出现近似三个心音。

a. 第一心音分裂，主要是二尖瓣和三尖瓣不同步关闭所致，可见于心肌损害及其传导机能的障碍。

b. 第二心音分裂，主要是主动脉瓣与肺动脉瓣的不同时关闭所致，可见于重度的肺充血或肾炎。

⑤ 心杂音。伴随心脏的收缩、舒张而产生的正常心音以外的附加音，称为心杂音。依病变存在的部位而分为心外性杂音与心内性杂音。

a. 心外性杂音。主要是发生于心腔以外的心外膜或其他部位的杂音。如心包杂音，其特点是听之距耳较近，用听诊器的集音头压于心区则杂音可增强。若杂音的性质类似液体的振荡声，称心包拍水音；若杂音的性质呈断续性的、粗糙的擦过音，则称心包摩擦音。心包杂音是心包炎的特征，当牛创伤性心包炎时尤为典型而明显。

b. 心内性杂音。是指发生于心腔或血管内的杂音。依心内膜是否有器质性病变而分为器质性杂音与非器质性杂音。依杂音出现的时间又分为缩期性杂音及舒期性杂音。

心内性非器质性杂音，其声音的性质较柔和，如吹风样，多出现于心缩期，且随病情的好转、恢复或用强心剂后，杂音可减弱或消失，马常出现贫血性杂音，尤其当马患慢性传染性贫血时更为明显。

心内性器质性杂音是慢性心内膜炎的特征。其杂音的性质较粗糙，随动物运动或用强心剂后而增强。因瓣膜发生形态的改变，如出现房室瓣闭锁不全（杂音出现于心缩期）或动脉瓣闭锁不全（杂音出现于心舒期），杂音多是持续性（永久性）的，应用强心剂会使杂音更加明显。当房室口狭窄或动脉口狭窄时也会出现心内杂音。见于心内膜炎、风湿病、心肌炎及慢性猪丹毒等。

为确定心内膜的病变部位及性质，应注意明确杂音的分期性与心杂音最明显的部位，以判定发生部位与引起的原因。

⑥ 心律不齐。正常心脏收缩频率和节律遭到破坏，表现为心脏活动的快慢不均及心音的间隔不等或强弱不一。主要提示心脏的兴奋性与传导

机能障碍或心肌损害，常见于心肌的炎症、心肌营养不良或变性、心肌硬化等。

为进一步分析心律不齐的特点和意义，必要时应进行心电图描记，依心电图的变化特征而使之明确。

3.3.1.3 心脏叩诊

（1）方法

被检动物取站立姿势，使其左前肢略向前举起或拉向前半步，以充分显露心区。对大动物，宜用锤板叩诊法，小动物可用手指叩诊法。

按常规叩诊法，沿肩胛骨后角向下的垂线进行叩诊，直至心区，同时标记由清音转变为浊音的一点；再沿与前一垂线成 45°左右的斜线，由心区向后上方叩诊，并标记由浊音变为清音的一点；连接两点所成的弧线，即为心脏浊音区的后上界。在心区反复地用较强的和较弱的叩诊进行检查，依据产生浊音及半浊音的区域，可判定马的心脏绝对浊音区及相对浊音区。

（2）正常状态

马的心脏叩诊区，在左侧呈近似的不等边三角形，其顶点相当于第三肋间距肩关节水平向下 3～4cm 处；由该点向后下方引一弧线并止于第 6 肋骨下端，为其后上界。心浊音区包括相对浊音区和绝对浊音区两部分。心脏被肺脏所遮盖的部分叩诊呈半浊音为相对浊音区，而不被肺脏遮盖的部分叩诊呈浊音为绝对浊音区。相对浊音区在绝对浊音区的后上方，呈带状，宽 3～4cm。

牛则仅在第 3～4 肋间称相对浊音区，且其范围较小。

（3）病理状态

① 心脏叩诊浊音区缩小，主要提示肺气肿、肺水肿。

② 心脏叩诊浊音区扩大可见于心脏肥大、心脏扩张以及渗出性心包炎、心包积水。

③ 心脏叩诊敏感。当叩诊心区时，动物表现回视、躲闪或反抗而呈疼痛不安，表示心区敏感，常见于心包炎或胸膜炎等。

当牛患创伤性心包炎时除可见浊音区扩大、呈敏感反应外，有时可呈鼓音或浊鼓音。

3.3.2 脉管和脉搏的检查

3.3.2.1 动脉脉搏的检查

（1）方法

大动物（马属动物、牛等）多检查颌外动脉或尾动脉；中、小动物（猪、羊、犬等）则以股动脉为宜。

检查时，除注意计数脉搏的频率外，还应判定其脉搏的性质（主要是搏动的大小、强度、软硬及充盈状态等）及有无节律的变化等。

（2）正常状态

健康动物的脉搏表现为：脉管有一定的弹性，搏动的强度中等，脉管内的血量充盈适度；正常的脉搏节律，其强弱一致、间隔均等。

（3）病理状态

除脉搏频率出现增多与减少外，主要有以下几种。

① 脉搏性质改变。

a. 大脉（强脉）。脉搏的振幅较大，且力量较强。见于发热性疾病、动脉瓣闭锁不全及慢性肾炎等。

b. 小脉（弱脉）。振幅过小且力量微弱。见于心力衰竭、休克及濒死期的动物。

c. 软脉。触压血管时，抵抗力小，管壁较为松弛。见于心力衰竭及严重贫血。

d. 硬脉。触压血管壁过于紧张而有硬感，呈绳索状。见于急性肾炎、破伤风及伴有剧烈疼痛的疾病。

② 脉搏节律不齐（脉律不齐）是心律不齐的反映。

3.3.2.2 表在静脉的检查

（1）方法

用视诊和触诊的方法，检查表在静脉（如颈侧部、胸外、腹下、四肢、头面部及乳房等处的静脉）的充盈状态及颈静脉的搏动。

（2）正常状态

一般营养良好的动物，表在静脉管不明显；较瘦或皮薄毛稀的动物则较为明显。

正常情况下，某些动物（如马、牛等）于颈静脉处可见有随心脏活动而出现的自颈基部向颈上部反流的搏动，通常其反流波不超过颈下部的1/3，称颈静脉生理性（阴性）搏动。搏动出现于心房收缩、心室舒张的过程中，颈中部的静脉用手指加压之后近心端及远心端的搏动均自行消失。

（3）病理状态

① 静脉怒张。局部表在静脉的过度充盈（如颈静脉、胸外静脉、股内静脉等），主要是局部静脉血管受压所致，往往在怒张的静脉周围发生水肿，如乳静脉怒张，常提示乳房炎。全身性静脉怒张主要表现为体表静脉呈明显的扩张，多伴有可视黏膜发绀，见于各种原因引起的心力衰竭以及导致胸内压升高的疾病。牛颈静脉高度充盈、隆起并呈绳索状，提示患创伤性心包炎。

② 静脉萎陷。体表静脉不显露，即使压迫静脉，其远心端也不膨隆，将针刺入静脉内，也不见血液流出。见于休克。

③ 颈静脉搏动。颈静脉的搏动高度超过颈下部的1/3处，达颈中部以上时，即为病态。此乃心房性（阴性）静脉搏动过度增强的特征，是右心衰竭或淤滞的标志。

如波动出现于心室收缩过程中（与心搏动及动脉脉搏同时出现），并以手指于颈中部的静脉处加压后，其近心端的搏动仍存在，甚至增强，此乃心室性（阳性）静脉搏动的特点，颈静脉的心室性搏动是三尖瓣闭锁不全的特征。

有时由于颈动脉的过强搏动可引起颈静脉处发生类似的搏动，称伪性颈静脉搏动。用手指按压其中部时，近心端与远心端的搏动均不消失并可感知颈动脉的过强搏动是其特征。

3.4　泌尿生殖系统检查

3.4.1　排尿动作及尿液的感官检查

3.4.1.1　排尿动作的检查

（1）方法

观察动物在排尿过程中的行动与姿势。

（2）病理状态

正常时，各种动物依其性别的不同而采取固有的排尿姿势。排尿活动的异常可表现为：

① 多尿与频尿。

a. 多尿。表现为排尿次数增多，同时每次均有大量尿液排出，可见于慢性肾病或渗出性胸膜炎的吸收期。

b. 频尿。表现为时呈排尿动作，而每次仅有少量尿液排出，主要见于膀胱炎及尿道炎。

② 少尿与无尿。

a. 少尿表现为排尿次数减少而且尿量也减少，可见于热性病、急性肾炎。

b. 无尿即没有尿液排出。真性无尿是动物没有排尿动作，也无尿排出，是泌尿机能严重障碍的表现，可见于急性肾炎。假性无尿是动物肾脏仍能生成尿液，但尿液潴留在膀胱内无尿液排出（又称尿闭或尿潴留），或因膀胱破裂，尿液进入腹腔，动物亦不见排尿的现象，可见于尿道结石或阻塞（主要见于公牛和公猪），亦可见于膀胱括约肌痉挛、膀胱破裂。

③ 尿失禁与尿淋漓。动物不自主地或未采取固有的排尿姿势与动作，而尿液自行流出，称尿失禁；动物腹压增高或姿势改变时，经常有少量尿液呈滴状流出，称尿淋漓。此时，母畜的后肢常被尿液淋湿，主要见于膀胱及其括约肌的麻痹或中枢神经系统疾病。

④ 排尿疼痛。动物于排尿时表现疼痛、不安、呻吟或屡取排尿姿势而排尿谨慎、痛苦，可见于膀胱炎、尿道炎或尿道结石与阻塞。

3.4.1.2 尿液的感官检查

（1）方法

动物排尿时或导尿时收集尿液，注意检查尿的气味、透明度、颜色及混有物，并估计其数量。

（2）正常性状

① 尿量。依饮水及饲料的质和量以及外界温度、使役、运动情况而不同，通常马每昼夜 3～6L，牛 6～12L，猪 2～4L。

② 尿色。马尿呈淡黄色，牛尿色淡，猪尿几乎无色，犬的尿液呈鲜

黄色。

③ 透明度。马尿因含有大量的碳酸钙而浑浊，其他动物尿均透明。

（3）病理状态

① 异味。尿呈强烈的氨臭味，可见于膀胱炎；牛酮尿病时，尿呈醋酮味（近似氯仿或烂苹果味）；猪尿有腐败臭味，应注意猪瘟。

② 尿色改变。

a. 尿色变深，可见于热性病或尿量减少。

b. 尿呈深黄色且其泡沫亦被染成黄色，可提示肝病及胆管阻塞性黄疸。

c. 红尿在排除因药物影响的因素外，是血尿或血红蛋白尿的特征。血红蛋白尿多透明，放置后无红细胞沉淀，血红蛋白尿是溶血性病的特征，可见于新生仔畜溶血病、牛血红蛋白尿症或梨形虫病及成年动物（马、牛、猪）硒缺乏症等，马则还应注意肌红蛋白尿病。血尿则浑浊，放置后可出现红细胞沉淀，血尿是肾或尿路、膀胱出血的结果，如为鲜血，多系尿道损伤；如混有大量凝血块，则多为膀胱出血，亦可见于肾或膀胱肿瘤。

d. 白色尿可见于乳糜尿及饲喂钙质过多。

e. 脓尿见于肾、膀胱和尿道的化脓性炎症及猪的肾虫病等。

f. 马尿变为透明，多呈酸性，是病态反应，可见于发热病、饥饿及骨软症。

3.4.2　肾、膀胱及尿道的检查

3.4.2.1　肾脏的检查

（1）方法

动物的肾脏一般用视诊、触诊和叩诊的方法进行检查，必要时应配合尿液的实验室检查。

① 视诊。注意观察动物背腰肾区状态、运步状态。此外，应特别注意眼睑、腹下、阴囊及四肢下部是否水肿。

② 触诊和叩诊。大动物可行外部触诊、叩诊和直肠触诊。

a. 外部触诊或叩诊时，检查者先将左手掌平放于腰背部左右肾区，然后用右手握拳，轻轻在左手背上叩击，同时观察动物的反应。

b. 直肠内检查肾脏时，体格小的大动物可触及左肾的全部、右肾的后半部，检查时应注意肾脏的大小、形状、硬度、敏感性、活动性、表面是否光滑等。

c. 小动物则只能进行外部触诊，动物取站立姿势，检查者用两手拇指压于腰区，其余手指向下压于髋结节之前、最后肋骨之后的腹壁上，然后两手手指由左右挤压并前后移动，即可触及肾脏。

（2）正常状态

① 牛肾。具有分叶结构。右肾呈长椭圆形，位于第12肋间及第2～3腰椎横突的下面。左肾近似三棱形，位于第3～5腰椎横突的下面，不紧靠腰下部，略垂于腹腔中，当瘤胃充满时，可完全移向右侧。

② 羊肾。表面光滑，不分叶。右肾位于第1～3腰椎横突的下面，左肾位于第4～6腰椎横突下。

③ 马肾。右肾类似心形，位于最后2～3胸椎及第1腰椎横突的下面；左肾呈蚕豆形，位于最后胸椎及第2、3腰椎横突的下方。

④ 猪肾。左右两肾几乎在相对位置，均位于第1～4腰椎横突的下面。

⑤ 肉食动物的肾。右肾位于第1～3腰椎横突的下面；左肾位于第2～4腰椎横突的下面。

（3）病理状态

① 肾区的捶击试验或触诊时动物呈疼痛不安，视诊动物表现背腰僵硬、拱起、运步小心，后肢运动迟缓，可见于肾炎、肾脏及周围组织发生化脓性感染、肾脓肿等。

② 肾脏质地坚硬、体积增大、表面粗糙不平，可提示肾硬变、肾肿瘤、肾结核、肾结石等。

③ 肾萎缩时，其体积显著缩小，常提示为先天性肾发育不全、萎缩性肾盂肾炎及慢性间质性肾炎。

3.4.2.2　膀胱的检查

（1）方法

大动物只能进行直肠触诊；中、小动物可将手指伸入直肠内进行触诊，或在腹腔入口前沿下方或侧方进行触诊。主要注意检查膀胱的位置、大小、充盈度、膀胱壁的厚度以及有无压痛等。

（2）病理状态

触诊膀胱区呈波动感，提示膀胱内尿液潴留；如随触压面被动地流出尿液，则提示膀胱麻痹；动物对触诊呈敏感反应，可见于膀胱炎。

3.4.2.3　尿道的检查

主要用于怀疑尿道阻塞，探查尿路是否畅通；或当膀胱充满而又不能排尿时，导出尿液排空膀胱，必要时可用消毒药进行膀胱冲洗以做治疗；也可用于采集尿液以供检验。

通常应用与动物尿道内径相适应的橡皮导尿管，对母畜也可用特制的金属导尿管。

（1）方法

① 准备工作。所用导尿管应先用消毒药液浸泡消毒，术者的手臂及被检动物的外生殖器亦应清洗、消毒。通常应使动物站立保定，特别应保定其后肢，以防踢人。

② 公马的探诊及导尿法。

a. 动物保定，清洗其包皮囊的污垢。

b. 术者用右手抓住其阴茎的龟头并慢慢拉出。

c. 用左手固定其阴茎，以右手用消毒药液（2%硼酸液或0.1%高锰酸钾液等）清洗其龟头及尿道口。

d. 取已消毒的导尿管，自尿道口处徐徐插入。

e. 当导尿管尖端达坐骨弓处时，则有一定阻力而难以继续插入。此时，可由助手在该部稍加压迫，以使导管前端弯向前方，术者再稍稍用力插入，即可进入骨盆腔而达膀胱，尿液则自行流出。

如以采集尿样为目的，应以清洁、无菌、干燥的容器采集并送往实验室供检。公牛及公猪因尿道有S状弯曲，一般尿道探查及导尿较为困难。

③ 母马的导尿法。

a. 先将外阴部用0.1%高锰酸钾液洗净。

b. 术者右手清洗、消毒后伸入阴道内，在前庭处下方触摸外尿道开口。

c. 以左手送入导尿管直至尿道开口部；用右手食指将导管头引入尿

道口，再继续送入 10cm 左右深度，即达膀胱。必要时，可用阴道扩开器打开阴道而进行。

母牛及母猪的导尿法基本同上。

（2）注意事项

① 所用导尿管应事先消毒并涂以润滑油。

② 在导尿管插入或拉出时，动作应轻柔，防止粗暴，以免损伤尿道黏膜。

3.4.3 外生殖器及乳房的检查

3.4.3.1 公畜的外生殖器检查

（1）方法

观察动物的阴囊、睾丸和阴茎的大小、形状，注意尿道口是否有炎症、肿胀、分泌物或新生物等，且应配合触诊进行检查其疼痛反应。

（2）病理状态

阴囊肿胀时，触诊留有指压痕，多为皮下浮肿的表现；阴囊肿大时，触诊睾丸发现肿胀、硬结或有热痛反应，提示睾丸炎。如单侧阴囊肿大，触诊其内容物柔软，如伴有疼痛不安时，提示阴囊疝。公羊和公猪的包皮囊肿大时，常提示包皮囊积尿或包皮炎。

3.4.3.2 母畜的外生殖器及乳房的检查

（1）方法

① 外生殖器检查。注意观察外阴部的分泌物及其外部有无病变；借助阴道开张器扩张阴道，检视阴道黏膜的颜色及有无疱疹、溃疡等病变；必要时可进行深部检查，并注意子宫颈口的状态。

② 乳房的检查。

a. 观察乳房、乳头的外部状态，注意有无疱疹。

b. 触诊判定其温热度、敏感度及乳腺的肿胀和硬结等，同时触诊乳房淋巴结，注意有无异常变化。

c. 必要时可挤取少量乳汁，进行乳汁的感官检查。

（2）病理状态

① 阴道分泌物增多，流出脓性或腐败物，可提示阴道炎、子宫炎。

② 马外阴部皮肤有圆形或椭圆形褪色斑疹块，应提示媾疫；猪、牛的阴户肿胀应注意镰刀菌、赤霉菌中毒病。

③ 阴道黏膜潮红、肿胀、溃疡，提示阴道炎；阴道黏膜黄染，可见于各型黄疸；黏膜有斑点状出血点，提示出血性素质。

④ 乳房肿胀、有热痛反应，乳腺硬结，乳汁成絮状、凝结或混有血液、脓汁，是乳房炎的症状。乳牛的乳房淋巴结肿胀、硬结，无热痛反应，多应注意乳腺结核。牛、绵羊、山羊乳房皮肤上的疱疹、脓疱及结痂，应注意痘疹。

3.5　神经系统检查

3.5.1　精神状态的检查

3.5.1.1　方法

除通过问诊外，需要注意观察和检查动物的面部表情、姿势、神态，耳、尾及四肢的活动有无异常行为，以及呼唤、刺激或强迫其运动时的反应。健康动物姿态自然、动作敏捷而协调、反应灵活。

3.5.1.2　病理状态

（1）精神兴奋

精神兴奋是动物中枢神经机能亢进的结果。动物常表现为不安、惊恐，重则直向前冲、不顾障碍、挣扎脱缰、狂奔乱走，甚至攻击人畜。见于脑及脑膜的充血和炎症以及毒物中毒等。狂犬病是具有特征性精神兴奋症状的疾病。

（2）精神抑制

精神抑制是大脑皮层抑制的表现，是中枢神经系统机能障碍的另一种表现形式。

① 沉郁。中枢神经系统轻度抑制现象称精神沉郁，动物表现为低头垂耳，眼半闭，尾不摆而呆立不动，不注意周围事物，反应迟钝。多见于脑组织受毒素作用或一定程度的缺氧和血糖过低所致。

② 昏睡。中枢神经系统中度抑制的现象称为昏睡（或嗜眠），动物表现处于不自然的熟睡状态，如将鼻、唇抵在饲槽上或倚墙或躺卧而沉睡，

只有在给予强烈刺激的情况下才产生迟钝的反应和暂时性反应，但很快又陷入沉睡状态。见于脑炎、颅内压增高等疾病。

③ 昏迷。中枢神经系统高度抑制的现象称昏迷，动物表现卧地不起，呼唤不应，意识完全丧失，反射消失，甚至瞳孔散大、粪尿失禁等，常为预后不良的征兆。可见于脑炎、脑创伤、代谢性脑病以及由于感染、中毒引起的脑缺血、缺氧、低血糖等，另外也是各种疾病引起的动物濒死期的表现。

3.5.2 头颅和脊柱的检查

3.5.2.1 方法

观察头颅大小及脊柱的外形，配合进行触诊及叩诊。

3.5.2.2 病理状态

（1）头颅

① 局部膨大变形。见于外伤、肿瘤、额窦炎，触诊头颅，可见动物呈敏感反应。若用力按压，局部有向内陷入时，常因患多头蚴病致使骨质菲薄所致。

② 增温。除局部外伤、炎症外，常为脑、脑膜充血及炎症、热射病及日射病等疾患的一个特征。

③ 叩诊浊音。见于脑瘤、颌窦炎、脑多头蚴病。叩诊时应两侧对照检查。

（2）脊柱

① 变形。脊柱上凸（脊柱向上弯曲）、下凹（脊柱向下弯曲），脊柱侧凸（向侧方弯曲），可见于骨软症或佝偻病。

② 局部肿胀、疼痛常为外伤，如挫伤或骨折。

③ 脊柱僵硬。表现快速运动或转圈运动时不灵活，常见于破伤风、腰肌风湿、猪肾虫病等；慢性骨质增生或老龄役马也可见。

3.5.3 感觉器官的检查

3.5.3.1 视觉器官检查

（1）方法

观察眼睑、眼球、角膜、瞳孔的状态，着重检查眼的视觉能力及瞳孔对光的反应。

① 检查视力。可牵引病畜前进，使其通过障碍物，还可用手在动物眼前晃动，或做欲行击打的动作，观察其是否躲闪或有无闭眼反应。

② 检查瞳孔。用手遮盖动物的眼睛，并立即放开以观察光线射入后瞳孔的缩小反应；也可在较暗的条件下，突然用手电筒从侧方照射动物的眼睛，同时观察瞳孔的大小变化。

（2）病理状态

① 眼睑变化。

a. 上眼睑下垂，多由眼睑举肌麻痹所致，见于面神经麻痹、脑炎、脑肿瘤及某些中毒病。

b. 眼睑肿胀，见于流行性感冒、牛恶性卡他热、猪瘟。

c. 眼睑水肿，常见于仔猪水肿病和肾炎。

② 眼球变化。

a. 眼球下陷，见于严重失水、眼球萎缩；慢性消耗性疾病及老龄消瘦动物的眼球下陷，是眼眶内脂肪减少的结果。

b. 眼球呈有节律性的搐搦，两眼短速地来回转动，称为眼球震颤，见于急性脑炎、癫痫等。

③ 角膜变化。角膜浑浊，见于马流感、牛恶性卡他热及泰勒氏焦虫症，亦可见于创伤、维生素 A 缺乏症、马周期性眼炎和其他眼病。

④ 瞳孔变化。瞳孔的变化除见于眼本身的疾病外，尚可反映全身的疾病，其中尤以对中枢神经系统病变的判断有重要价值，故在检查时应列为常规内容。

a. 瞳孔散大，主要见于脑膜炎、脑肿瘤或脓肿、多头蚴病、阿托品中毒。若两侧瞳孔呈迟发性散大，对光反应消失，眼球固定前视，表示脑干功能严重障碍，病畜已进入垂危期。当病畜高度兴奋和患剧痛性疾病时，亦可出现瞳孔散大，但仍保持有对光反应。

b. 瞳孔缩小，若伴发对光反应迟缓或消失，提示颅内压升高或交感神经、传导神经受损害，见于慢性脑室积水、脑膜炎、有机磷中毒及多头蚴病等；若瞳孔缩小，眼睑下垂，眼球凹陷，三者同时出现，乃交感神经及其中枢神经受损的指征。

⑤ 视力改变。病畜视物不清，甚至失明，可见于犊牛和猪的维生素

A 缺乏症、猪食盐中毒、马周期性眼炎以及其他重度眼病的后期。

3.5.3.2 听觉器官检查

（1）方法

一般在安静的环境下，利用人的吆唤声或给予其他声响（如鼓掌）的刺激，以观察动物的反应。

（2）病理状态

① 听觉增强（听觉过敏）。病畜对轻微声音即将耳廓转向发音的方向或一耳向前，一耳向后，迅速来回转动，同时惊恐不安、肌肉痉挛等，可见于破伤风、马传染性脑脊髓炎、牛酮血症、狂犬病等。

② 听觉减弱。对较强的声音刺激无任何反应。主要提示脑中枢疾病，临床可见于延脑和大脑皮质颞叶受损害等。

3.5.3.3 嗅觉器官的检查

（1）方法

将动物眼睛遮盖，用有芳香味的物质或优质饲草、饲料置于动物鼻前，给动物闻嗅，以观察其反应。对警犬可先令其闻嗅某人用过的物品（如手帕或鞋袜），然后令其寻找物品的主人等。

（2）正常状态

健康动物闻及饲料的芳香味，往往唾液分泌增加，出现咀嚼动作，并向饲料处寻食。嗅觉灵敏的警犬，则可正确无误地找出主人。

（3）病理状态

嗅觉障碍时，则嗅觉降低或丧失，多为鼻黏膜发炎的结果，但应结合其他症状与食欲废绝者相区别。

3.5.3.4 皮肤感觉的检查

（1）方法

可检查动物皮肤的触觉、痛觉、温热觉。一般在检查前应先遮盖动物的眼睛。触觉检查可用细草秆、手指尖等轻轻接触其鬐甲部被毛，观察所接触的被毛、皮肤有无反应，并比较身体的对称部位感觉的差异，如唇、鼻尖、股内、蹄间隙、外生殖器、肛门周围及尾的下面最为灵敏，臀部、大腿外侧、胸壁等部位比较迟钝。

（2）正常状态

健康动物触觉检查可表现出被毛颤动及皮肤收缩。当进行痛觉检查时，除被毛及皮肤反应外，甚至出现回头、竖耳、躲闪、鸣叫、四肢骚动等现象。

（3）病理状态

感觉减弱表现为对强烈刺激无明显反应，常为中枢神经系统机能抑制的结果；患脊髓及脑干疾病的则痛觉可消失。感觉增强可见于局部炎症、脊髓炎等。感觉异常表现为动物集中注意于某一局部，或经常反复啃咬、搔抓同一部位。剧烈的痒感见于痒螨；会阴区的瘙痒可能是直肠积有蝇蚴、绦虫节片和蛲虫；鼻孔周围痒感，除由羊鼻蝇蚴病引起外，亦可见于伪狂犬病。

3.5.4 反射机能的检查

3.5.4.1 方法

（1）浅反射

① 鬐甲反射。轻轻触及鬐甲部被毛或皮肤，则皮肤收缩抖动。

② 腹壁反射。轻触腹壁时，腹肌收缩。

③ 肛门反射。触及肛门皮肤时，肛门外括约肌收缩。

④ 提睾反射。刺激股内侧皮肤时，可见同侧睾丸上提。

⑤ 蹄冠反射。用针刺或用脚踩踏动物的蹄冠，正常动物则立即提肢或回缩，此反射用于检查颈部脊髓功能。

⑥ 喷嚏反射。刺激鼻黏膜则引起喷嚏或振鼻。

⑦ 角膜反射。轻轻刺激角膜，可引起眼睑闭合。

（2）深部反射

① 膝反射。检查时应使动物横卧，并使其上侧的后肢肌肉保持松弛状态，方可进行检查。当叩击髌骨韧带时，肢体与关节伸展。

② 腱反射。动物横卧，叩击跟腱，则引起跗关节伸展与球关节屈曲。

3.5.4.2 病理状态

（1）反射减弱、消失

反射减弱、消失是反射弧的传导路径受损所致的。常提示为脊髓背根

（感觉根）、腹根（运动根）或脑、脊髓灰质的病变，见于脑积水、多头蚴病等。极度衰弱的病畜反射减弱，昏迷时则消失，这是高级神经中枢兴奋性降低的结果。

（2）反射亢进

可因反射弧或反射中枢兴奋性增高或刺激过强所致。见于脊髓背根、腹根或外周神经的炎症，以及脊髓膜炎、破伤风、有机磷中毒、士的宁（即番木鳖碱）中毒等。此外，当中枢运动神经元（锥体束）损伤时，也可以呈现反射亢进。

3.5.5 运动机能的检查

3.5.5.1 方法

检查时，首先观察动物静止时肢体的位置、姿势；然后将动物的缰绳、鼻绳松开，任其自由活动，观察有无不自主运动、共济失调等现象。此外，用触诊的方法，检查肌腱的硬度及机能状况；并对肢体做他动运动，以感觉其抵抗力。

3.5.5.2 病理状态

（1）盲目运动

动物表现为无目的地徘徊，不注意周围事物，对外界刺激缺乏反应，有时表现直冲、后退、呈转圈或时针样运动等。主要见于脑及脑膜的局灶性刺激，如脑炎或脑膜炎以及某些中毒病；若呈慢性经过，反复出现上述运动，可见于颅内占位性病变，如多头蚴病、猪的脑囊虫病。

（2）共济失调

动物肌肉收缩力正常，在运动时肌群动作相互不协调，导致动物体位和各种运动异常的表现，称共济失调。表现为静止时站立不稳、四肢叉开、倚墙靠壁；运动时的步态失调、后躯摇摆、行走如醉、高抬肢体似涉水状等。前者常见于小脑、小脑脚、前庭神经和迷路受损；后者见于大脑皮层、小脑、前庭、脊髓受害。临床上一般多见于小脑性失调，动物不仅呈现静止性失调，而且呈现运动性失调，可见于脑炎、脑脊髓炎以及侵害脑中枢的某些传染病、中毒病；某些寄生虫病（如脑脊髓丝虫病）时亦可见之。

（3）痉挛（运动过强）

痉挛是指肌肉不随意收缩的一种病理现象。可表现阵发性痉挛和强直性痉挛两种。阵发性痉挛的特征为单个肌群发起，短暂、迅速，一个接着一个重复收缩，收缩与收缩之间间隔以肌肉松弛。其痉挛经常突然发作，并迅速停止。强直性痉挛是指肌肉长时间均等地持续收缩。大多由大脑皮层受刺激、脑干或基底神经节受损伤所致。主要见于破伤风、某些中毒、脑炎与脑膜炎、侵害脑与脑膜的传染病；也可见于矿物质、维生素代谢紊乱。牛的创伤性网胃心包炎时，可见肘后肌群的震颤。发热、伴发剧痛性的疾病、内中毒时，常见肌肉的纤维性痉挛或称为战栗。

（4）麻痹（瘫痪）

麻痹是指动物骨骼肌的随意运动减弱或消失。

① 根据病变部位不同，可出现中枢性麻痹和外周性麻痹两种类型。

a. 中枢性麻痹。表现的特征是腱反射增加、皮肤反射减弱和肌肉紧张性增强，并迅速使肌肉僵硬。常见于狂犬病、马的流行性脑脊髓炎、某些重度中毒病等。中枢性麻痹时，多伴有中枢神经过敏机能障碍（如昏迷）。

b. 外周性麻痹。临床特点为受害区域的肌肉显著萎缩，其紧张性减弱，皮肤和腱反射减弱。常见于面神经麻痹、三叉神经麻痹、坐骨神经麻痹、桡神经麻痹等。

② 按其发生的肢体部位，可分为单瘫、偏瘫和截瘫三种形式。

a. 单瘫。表现为某一肌群或一肢的麻痹。多由末梢脑神经损伤引起，如三叉神经或颜面神经受害，影响咀嚼、开口和采食。

b. 偏瘫。侧肢体的麻痹。见于脑病，常表现为上位对侧肢体瘫痪。

c. 截瘫。为身体两侧对称部位发生麻痹，多由脊髓横断性损伤所致。

第4章 剖检检查

动物疾病必须经过流行病学、临床症状、病理剖检、实验室诊断等综合判断才能确诊，其中病理剖检是诊断中很重要的一种诊断技术，大多数临床兽医都是通过剖检变化而进行初步诊断的。但由于一般养殖场不具备实验室诊断的条件，而将病死动物送检又易延误治疗时机，增加感染的概率，因此对病死动物的尸体剖检就成了确诊疾病的重要依据之一。

4.1 畜禽尸体剖检的准备

进行尸体剖检，尤其是患传染病动物的尸体剖检时，剖检者既要注意防止病原扩散，又要注意预防自身感染。因此，必须做好尸体剖检的准备。

4.1.1 剖检场地的准备

为了便于消毒和防止病原扩散，剖检一般应尽可能地在病理剖检室进行。病理剖检室要求光线充足，地面有地沟和墙裙，有单独排风、下水系统及化尸池，还需要有一些基本设备（如剖检台、搪瓷盘、照相机、冰柜、冰箱等），同时还应配备一些解剖器械（如刀、剪、镊子等）。如果条件不允许而在室外剖检时，应选择远离居民区、交通要道、水源和畜群，地势高而干燥的地点进行。剖检前先挖深 2m 左右的坑，坑旁铺上报纸或垫草，将尸体放在上面进行剖检。小动物可以放在搪瓷盘内剖检。剖检完毕，把尸体连同垫草及污染的表土投入坑内，再撒上石灰或其他消毒液，然后用土掩埋。

4.1.2 剖检器械和药品的准备

（1）剖检常用的器械

常用器械有解剖刀、剥皮刀、外科手术刀、外科剪、肠剪、骨剪、骨钳、镊子、骨锯、斧子及结扎用线等。如果没有上述器械，也可以用一般的刀、剪代替。

（2）剖检常用的药品

常用消毒液为 0.1% 苯扎溴铵溶液或 3% 煤酚皂溶液。常用固定液为

10％甲醛溶液或 95％乙醇。此外，为了防止剖检人员的自身感染，还应准备 2％碘酊、2％硼酸水、75％乙醇和脱脂棉。

4.1.3 剖检人员自身的准备

兽医工作者可根据条件，穿着工作服，外罩橡皮或塑料围裙，戴胶皮手套，穿胶皮靴，必要时还需戴口罩、眼罩。条件不具备时，应在剖检过程中尽量保持个人清洁，同时在手臂上涂凡士林或其他油类，保护皮肤，防止感染。剖检中如不慎切破手指或其他部位时，应立即消毒，妥善包扎。如血液或其他渗出物溅入眼内，应用 2％硼酸水冲洗眼睛。

4.1.4 剖检的注意事项

对于突然死亡、尸僵不全、腹部迅速臌气、天然孔出血的病例，怀疑为炭疽时，严禁剖检，可采耳尖血或颈静脉血涂片数张，立即送实验室做进一步诊断，伤口用浸有石炭酸或来苏尔的脱脂棉堵住，排除炭疽后方可剖检。

（1）剖检的时间

剖检的尸体越新鲜越好，最好在畜禽死亡后立即进行，一般夏季不超过 5～6h，冬季不超过 24h，以免因死后组织自溶而影响检查结果的正确性。特别是在夏天，因外界气温高，尸体极易腐败，使尸体剖检无法进行；同时，由于腐败分解，大量细菌繁殖，结果使病原检查也不准确。陈旧的腐败尸体，由于死后的变化，可使病变模糊不清，难以确定是固有的病变还是腐败的特征，失去剖检的价值和意义。

（2）剖检用品的处理

剖检完毕，附着脓血的器械、衣物先用消毒液浸泡、清水洗净，再进行消毒。胶皮手套消毒后，用清水洗净，擦干，撒上滑石粉存放。金属器械，经消毒后擦干，以免生锈。剖检者的双手，先用肥皂水洗涤，再用消毒液浸泡、冲洗，最后用清水冲洗。如有遗臭，可用 2％高锰酸钾溶液浸洗，再用 2％～3％草酸溶液洗涤，待紫色褪去后，再用清水冲洗。

在剖检过程中，应用清水及消毒液洗去剖检者手上和刀剪等器械上的血液、脓汁和其他渗出物。采取脏器或检查病变时，注意不要让脓血或其他渗出物污染地面，防止病原扩散。未经检查的脏器，不要用水冲洗，以免改变其原有色彩。可随时把需要送检的病料放入固定液内，备作病理学组织检查之用。

（3）尸体的运送

① 小动物可用不漏水的容器加盖运送；大动物可在体表喷洒消毒液，并用浸透消毒液的棉花团塞住天然孔后送检。

② 在搬运患传染病动物的尸体时，在运送前，要用浸透消毒药液的卫生材料将其天然孔堵塞或包扎，体表各部用消毒液喷湿，以防病原扩散。

③ 运送尸体使用的车辆及其他工具应严格消毒，污染的表土和草料应予深埋或烧毁。

4.2 畜禽尸体剖检的步骤

4.2.1 牛的病理剖检技术

牛有4个胃，占腹腔的绝大部分，尤其是瘤胃几乎占据了整个左侧腹腔。因此，牛的尸体剖检通常采取左侧卧位，以便腹腔脏器的采出和检查。

4.2.1.1 体表检查

体表检查可以为临床诊断提供重要线索，还可以作为判断病因的重要依据。

（1）尸体概况

主要包括品种、性别、年龄、毛色、体征等。

（2）营养状况

可根据皮肤和被毛以及肌肉的丰满程度来进行判断。

（3）皮肤的检查

主要检查皮肤的颜色，以及皮肤表面有无充血、出血、坏死、外寄生虫、脓肿、肿瘤等。

（4）天然孔的检查

首先检查眼、鼻、口、肛门及外生殖器的开闭状态，分泌物及排泄物的性状、颜色、气味等。

（5）尸体变化的检查

主要检查尸冷、尸僵、尸斑、死后血凝块及尸体的腐败与自溶，由此确定死亡时间，并与生前的病理变化相区别。

4.2.1.2　内部检查

内部检查包括剥皮、皮下检查，分离前、后肢，体腔的剖开及脏器的采出和检查等。

（1）剥皮和皮下检查

① 使尸体仰卧，自下颌部起沿着腹中线切开皮肤至尾根部，遇到牛生殖器官或乳房时，绕开生殖器官或乳房，将皮肤留在生殖器官或乳房上。

② 沿四肢内侧的正中线切开皮肤。至球关节作环形切线，剥下全身皮肤。

③ 在剥皮过程中，注意检查皮下有无充血、出血、水肿、脱水和脓肿等病变，并注意观察皮下淋巴结的变化。

（2）分离前、后肢

为了便于内脏器官的检查与采出，先将牛的右侧前、后肢从躯干分离开。可先将前肢或后肢向背侧牵引，切断内侧肌肉、关节囊、血管、神经和结缔组织，再切断其肌肉即可取下。

（3）腹腔的剖开及腹腔脏器的采出

① 腹腔的剖开。从右侧肷窝部沿肋弓至剑状软骨切开腹壁，再从髋关节至耻骨联合切开腹壁，然后将切成楔形的右腹壁向下翻开，即可暴露腹腔。

② 腹腔脏器的采出。打开腹腔后，在剑状软骨部可见到网胃，右侧肋骨后缘为肝脏、胆囊和皱胃，右肷部可见盲肠，其余脏器均被网膜覆盖。因此，为了采出腹腔脏器，应先将网膜切除，然后依次采出腹腔各器官。

a. 网膜的切除。以左手牵引网膜，右手执刀。将大网膜和小网膜分别自其附着部切离，此时小肠和大肠均显露出来。

b. 空肠和回肠的采出。将结肠盘向右侧牵引，盲肠拉向左侧，露出回盲韧带与回肠。在距回盲口约15cm处，将回肠作二重结扎切断。然后握住回肠断端，用刀分离回肠、空肠的肠系膜，直至十二指肠空肠处，在空肠起始部作重结扎并切断，取出空肠和回肠。

c. 大肠的采出。在骨盆腔口分离出直肠，将其中粪便挤向前方作一次结扎，并在结扎后方切断直肠。从直肠断端向前方分离肠系膜，至前肠系膜根部。分离结肠与十二指肠、胰腺之间的联系，切断肠系膜根部血管、神经和结缔组织，以及结肠与背部之间的联系，即可取出大肠。

d. 胃和十二指肠的采出。先检查胃的外观、胰管和胆管的状况。胰管、胆管有异常时，可将胃、十二指肠、胰腺与肝脏一并采出。或将胆管开口附近的十二指肠结扎切断，与肝脏同时采出。胰管、胆管无异常时，可先切断食道末端，将胃牵引，切断胃肝韧带、肝十二指肠韧带、胰管、十二指肠肠系膜，以及十二指肠与右肾间韧带，将胃与十二指肠一同采出。

e. 肾脏和肾上腺的采出。先检查肾的动静脉、输尿管和有关的淋巴结。注意该部血管有无血栓或动脉瘤。若输尿管有病变时，应仔细检查整个泌尿系统并共同采出。先取左肾，切断和剥离其周围的浆膜和结缔组织，切断其血管和输尿管，即可采出。右肾用同法采出。肾上腺可与肾脏同时采出，或分别采出。

f. 肝脏和胰腺的采出。采出肝脏前，先检查与肝脏相联系的门脉和后腔静脉，注意有无血栓形成。然后切断肝脏与横膈膜相连的左三角韧带，注意肝和膈之间有无病理性的粘连，再切断圆韧带、镰状韧带、后腔静脉和冠状韧带，最后切断右三角韧带，采出肝脏。胰腺可附于肝脏一同采出，或先自肝脏分离取出。检查肝脏时可先检查肝门部的动脉、静脉、胆管和淋巴结。

（4）盆腔脏器的采出

先检查盆腔各器官的位置和概貌，可在保持各器官的生理联系下一同采出。用刀切离直肠与骨盆腔上壁的结缔组织。母畜还要切离子宫和卵巢，再由骨盆腔下壁切离膀胱和阴道，在肛门、阴门作圆形切离，即可取出骨盆腔脏器。

① 公畜骨盆腔脏器的检查。先分离直肠并进行检查。然后检查包皮、龟头、尿道黏膜、膀胱、睾丸、附睾、输精管、精囊及尿道球腺等。

② 母畜骨盆腔脏器的检查。直肠检查同公畜。膀胱和尿道检查，由膀胱顶端起，沿腹侧中线直剪至尿道口，检查黏膜状态，注意有无结石。

检查阴道和子宫时，先观察子宫的大小、子宫体和子宫角的形状。然后用肠剪伸入阴道，沿其背中线剪开阴道、子宫颈、子宫体，直至左右两侧子宫角的顶端。检查阴道、子宫颈、子宫内腔和黏膜状态、内容物性状，注意阔韧带和周围结缔组织的状况。检查卵巢形状、卵泡和黄体的发育情况以及输卵管是否扩张等。

（5）胸腔的剖开

① 胸腔的打开。先检查胸腔是否为负压，然后将膈的右半部从季肋部切下，用锯子把右侧肋骨的上下两端锯断，只留第1肋骨，即露出胸腔。

② 胸腔器官的采出。可以把口腔、颈部器官和肺脏、心脏一起采出。对于大动物，一般口腔、颈部器官、胸腔器官分别采出。

（6）颅腔的剖开

① 清除头部的皮肤和肌肉。

② 在两侧眶上突连线处作一横锯线。

③ 从此锯线两端经两侧额骨、顶骨侧面至枕骨外缘作两条纵锯线。

④ 从枕骨大孔两侧作一"V"形锯线与两纵锯线相连。

⑤ 沿锯线撬开头顶骨，除去颅顶骨，露出颅腔。观察骨片的厚度和内面的形态。

⑥ 检查硬脑膜，沿锯线剪开硬脑膜，检查硬脑膜、蛛网膜及脑脊液的数量和性状。然后用剪刀或外科刀将颅腔内的神经、血管切断。仔细检查脑膜是否有出血或水肿，然后小心将大脑、小脑和脑干一并取出，后取出垂体。

（7）口腔和颈部器官的采出与检查

① 检查颈部动脉、静脉、甲状腺、唾液腺及其导管、颌下和颈部淋巴结有无病变。

② 从第一臼齿前下方锯断下颌支，再将刀插入口腔，由口角向耳根，沿上下臼齿间切断颊部肌肉。

③ 将刀尖伸入颌间，切断下颌支内面的肌肉和后缘的腮腺等。最后切断冠状突周围的肌肉与下颌关节的囊状韧带。握住下颌骨断端用力向后上方提举，下颌骨即可分离取出，口腔露出。

④ 以左手牵引舌，切断与其联系的软组织、舌骨，检查喉囊。

⑤ 分离咽和喉头、气管、食道周围的肌肉和结缔组织，即可将口腔和颈部的器官采出并检查。

（8）鼻腔的剖开

① 将头骨于距正中线 0.5cm 处纵行锯开，把头骨分成两半，其中的一半带有鼻中隔。

② 用刀将鼻中隔沿其附着部切断取下。

③ 必要时可在额骨部作横行锯线，以便检查颌窦和鼻甲窦。

（9）脊椎管的剖开

① 切除脊柱背侧棘突与椎弓上的软组织。

② 用锯在棘突两边将椎弓锯开，用凿子掀起已分离的椎弓部，即露出脊髓硬膜。

③ 切断与脊髓相联系的神经，取出脊髓。

4.2.1.3 剖检记录的填写

动物尸体剖检记录是整个剖检工作中不可缺少的重要组成部分，是诊断疾病的重要依据之一。剖检记录应包括 3 部分。

（1）登记

主要登记信息包括动物主人（送检人）的姓名、送检单位与地址、动物种类、性别、年龄、特征、临床摘要和诊断、死亡时间、送检时间、剖检人姓名、剖检地点、剖检时间，在现场主要参加人姓名都需要完整登记、签字。

（2）剖检所见病变

用专业术语记录尸体外表和内脏器官眼观病变，包括病变大小、形态、颜色、质地、硬度、病变部位、范围、数量、气味等。必要时，可配合画图、照相和录像等。

（3）疫病诊断

根据剖检结果，结合病史、临床症状等进行综合分析和推理判断，找出病变内在关系，得出患病动物诊断病名和死亡原因。

4.2.2　猪的病理剖检技术

4.2.2.1　外部检查

检查皮肤、眼结膜及可视黏膜的颜色等有无异常，下颌淋巴结是否有肿胀现象等。如患亚急性猪丹毒时，皮肤可出现大小比较一致的方形、菱形或圆形疹块；急性猪瘟，皮肤多有密集的或散在的出血点（或淤血点）；口蹄疫时蹄部及口腔周围有水疱；疥螨病猪的皮肤粗糙有皮屑、被毛脱落、皮肤潮红甚至出血有痂皮；猪链球菌病病猪皮肤常有突起的脓包，切开脓包流出淡黄色液体；附红细胞体病时眼结膜黄染。同时注意肛门附近有无粪便污染等。

4.2.2.2　内部检查

（1）固定猪的尸体

剖检一般取背侧仰卧位，先切断肩胛骨内侧和髋关节周围与躯体相连的皮肤及肌肉，将四肢向外侧摊开，以维持尸体仰卧位置。

（2）腹腔的打开及腹腔脏器的检查

① 从剑状软骨后方沿腹壁正中线由前向后至耻骨联合切开腹壁各层；在切开皮肤时需要检查腹股沟浅淋巴结，检查有无肿大、出血等异常现象。

② 剖开腹腔时，应结合进行皮下检查，检查皮下有无出血点、黄染等。

③ 再从剑状软骨沿左右两侧肋骨后缘切开至腰椎横突。从而腹壁被切成大小相等的两个楔形，将其向两侧分开，腹腔脏器即可全部露出。此时应先检查腹腔脏器的位置和有无异物等。

④ 然后将胃肠全部取出，先将小肠移向左侧，以暴露直肠，在骨盆腔中将其结扎。切断直肠，左手握住直肠断端，右手持刀，向前腰背部分离割断肠系膜根部的各种联系，至膈时，在胃前结扎并剪断食管，取出全部胃肠。

⑤ 腹腔其他器官的采出同牛。

（3）胸腔打开与胸腔器官的检查

① 用骨锯从两侧最后肋骨的最高点至第1肋骨的中央各作一锯线，

锯开胸腔。

② 用刀切断横膈附着部、心包、纵隔与胸骨间的联系，除去锯下的胸骨，胸腔即被打开。

③ 打开胸腔后先查看心包膜有无粘连、胸腔内是否有纤维状渗出物、有无渗出液等，如出现上述症状可提示传染性胸膜肺炎。

④ 胸腔脏器的采出和检查同牛。

（4）颅腔剖开与检查

① 先在两侧眶上突后缘作一横锯线，从此锯线两端经额骨、顶骨侧而至枕崤外缘作平行的锯线。

② 再从枕骨大孔两侧作一"V"形锯线与两纵线相连。此时将头的鼻端向下立起，用槌敲击枕崤，即可揭开颅顶，露出颅腔。查看有无出血点、萎缩、坏死现象。

（5）口腔和颈部器官采出与检查

剥去颈部和下颌部皮肤后，用刀切断两下颌支内侧和舌连接的肌肉，左手指伸入下颌间隙，将舌牵出，剪断舌骨，将舌、咽喉、气管一并采出。观察扁桃体有无肿大、出血点等；剖开气管查看气管内有无黏液、黏膜有无出血点等。

4.2.3　家禽的病理剖检技术

4.2.3.1　外部检查

首先检查病死禽的外部变化。主要检查尸体的营养状况、眼睑、冠、肉髯、口腔、鼻腔、泄殖腔等，注意观察有无出血、分泌物、肿瘤等，还要观察尸体对称情况、体表有无寄生虫等。

4.2.3.2　内部检查

（1）固定禽的尸体

剖检之前，用水或消毒水将禽的羽毛打湿，防止羽毛乱飞。切开两腿与腹部相连的皮肤，用力掰开两腿，使两侧髋关节脱臼，然后将其背卧，平放入搪瓷盘。

（2）内部检查

① 在后腹部（在龙骨末端）横剪一切口，剥离胸部皮肤，观察皮下

有无渗出液，肌肉有无出血、坏死等。

②　在切口两侧分别向前剪断肋软骨，手握龙骨向前上方推拉揭开胸骨，暴露胸腹腔，注意有无积水、渗出液或血液，气囊有无结节等。

③　分别取出各个内脏器官，并仔细检查。

④　一般可先将心脏连心包一起剪开，再取出肝，注意不要剪破胆囊。

⑤　在食管末端将其剪断，然后将胃肠道、胰腺，连同脾脏一起取出。在胃肠道采出的同时要注意检查在泄殖腔背侧的法氏囊。

⑥　在体腔打开及内脏器官采出的过程中，要注意观察在禽类体内分布较广的气囊，主要观察气囊的厚度、有无渗出物等。

⑦　肺脏及肾脏位于肋间隙内及脊椎深凹处，可用外科刀柄或手术剪剥离取出。

⑧　将剪刀一边伸入口腔，剪开口腔、食道、嗉囊。注意观察口腔黏膜、舌、咽、食道、嗉囊的颜色变化，黏液多少，有无气味等。然后剪开喉、气管、支气管，注意有无渗出液及渗出液的量、颜色、有无出血、伪膜等，注意嗉囊内容物的数量、性状及内膜的变化。

⑨　剥离头部皮肤，在头顶骨中线作十字切开，除去顶骨，分离脑与周围联系，取出脑检查，注意脑膜与实质病变，查看有无充血、出血、积水等。

⑩　在大腿内侧剥离内收肌，即可暴露坐骨神经；在脊髓两侧，注意观察位于肾脏下方的腰荐神经丛，对比观察两侧神经的粗细、光滑度、有无结节等。

由于鸭、鹅的解剖结构与鸡的相似，且所患疾病类型也相似，所以尸体剖检操作方法基本相同。但有一点要注意，鸭和鹅有两对淋巴结，鸡没有。一对是颈胸淋巴结，紧贴颈静脉，呈纺锤形；另一对是腰淋巴结，位于腹部主动脉两侧，呈长圆形。在剖检时要注意对这两对淋巴结进行检查。

4.3　病料的采集与送检

4.3.1　病理组织学检验材料的采集与送检

4.3.1.1　方法

所采集的病料，应包括病变最典型的部位和其邻近的正常组织，一方面是便于对照观察，另一方面是便于查看病变周围的炎症反应。选取的组织材料，要包括各器官的主要结构，如肾要有皮质、髓质和肾盂，脾和淋巴结要有淋巴小结部分，黏膜器官应含有从浆膜到黏膜各部；对还未诊断的疾病，尽量采集各个器官的组织标本材料。切取的病料要立即固定。固定液用 10％福尔马林溶液，可取 1 份市售 38％～40％甲醛溶液加 3 份蒸馏水或自来水配成。固定液的量一般为组织块体积的 10～20 倍，病料密封后加贴标签即可送往实验室。

（1）包装

将固定好的病理组织块用没透固定液的脱脂棉包裹，放置于广口瓶内，并将瓶口封固，再用干棉花包好装入木盒送检。

（2）送检

派专人送检，送检的病理组织材料要有编号、组织块名称、数量、送检说明书和送检报告单，并说明送检的目的要求。

4.3.1.2 注意事项

① 采取的病理材料必须新鲜，以免出现自溶等死后变化而影响诊断。

② 切取组织块时，刀要锋利，应注意不要使组织受到挤压和损伤。切割组织不可来回拉锯样操作，以保证切面平整。

③ 切取的组织块不宜过大，要求组织块厚度不超过 5mm，面积 3～5cm^2，有时可先取稍大的组织块，待固定一段时间后，再修整成适当大小并换固定液继续固定。

④ 未经检查的组织不得用水冲洗，因为水洗易使红细胞和其他细胞成分吸水而膨胀甚至破裂。

4.3.2 微生物检验材料的采集与送检

动物尸体剖检时，不仅要了解其病理形态的改变，还要对其进行病因学的检查，特别是因感染而急性死亡的病例，由于病程短，在病理形态学上无典型病变，此时就有必要对病料进行微生物学检查，以明确病因。

4.3.2.1 方法

（1）采样

所采组织的种类，要根据诊断目的而定。

① 急性败血性疾病，可采取心、血、脾、肝、肾、淋巴结等组织供检验。

② 生前有神经症状的疾病，可采取脑、脊髓或脑脊液等；局部疾病，可采取局部组织器官，如坏死组织、脓肿病灶等。

③ 若组织器官已与外界环境接触且被污染时，可先用烧红的金属片在器官表面烧烙，再除去烧烙过的表面组织，从深部采取病料，并迅速放入消毒好的容器内。

④ 采集液体时，在消毒情况下，用灭菌针筒吸取 $1 \sim 2mL$ 液体送检。

⑤ 对胃肠道，可两端结扎，连同内容物一起送检，或先灼烧其浆膜面，用灭菌的吸管吸取胃肠内容物送检。

⑥ 对怀疑病毒感染的病料，应在消毒条件下取 10g 以上新鲜组织，在冰冻情况下迅速送到相关单位进行病毒的分离鉴定，如果时间较长，应将组织置于50%的甘油生理盐水溶液中，并放入灭菌的玻璃器皿内密封、送检。

（2）送检

① 包装。每个病料应分别包装，并在包装袋外面贴上标签，注明病料名称、编号、采样日期等，再将各个病料放到塑料包装袋中；在木箱、塑料盒及铝盒等包装上要贴封条，封条上要有采样人签字，并注明日期、放置方向等；一些分泌液、渗出液和血液制品要装入瓶中，放在铝盒内，在盒内要加填塞物避免小瓶晃动。

② 送检。病料送检时要求专人快速送检，运送时要填写送检报告单，保证病料包装完好，避免碰撞、高温等。病料若能及时送到实验室，可只用带冰袋的容器冷藏运输。对怀疑为病毒的检验材料，要在冷藏状态下于4h内送到实验室，若超过4h，就要做冷冻处理。24h内不能送到实验室的，需要在运送过程中使病料的温度保持在-20℃以下。

4.3.2.2 注意事项

① 采集病料时应无菌操作，所用的容器和器具要消毒，如果在实际工作中不能做到，最好取新鲜的整个器官或大块组织送检。

② 所采集的病料部位不同时应分开装，并在容器上标明动物编号和病料名称。

③ 采取的时间要求在动物死后立即进行，最好不要超过 6h，若时间过长，肠道中的非病原菌侵入后，会妨碍病原菌的检出。

④ 对急性死亡的动物，如果有天然孔出血、尸僵不全等现象，怀疑是炭疽时，应先取其耳静脉血作涂片。当确定不是炭疽时才允许剖检。

⑤ 病料采集完成后，要对采集用的器械、采集者的手及采集病料的场地进行消毒，避免病原污染环境或感染人畜。

4.3.3 中毒病料的采集与送检

4.3.3.1 方法

一般采取胃肠道及其内容物、血液及大小便、内脏器官等。对送检的材料不能用水冲洗，否则容易造成污染，要将采集的病料分别装入清洁的容器内，并注意不要与任何化学试剂接触，一般送检材料不用固定剂，密封后冷藏送检。

4.3.3.2 注意事项

① 现场取材应尽可能全面，数量要充足，以免事后无法弥补。

② 使用的容器最好是玻璃广口瓶或采样塑料袋，不要用陶瓷或金属器皿，也不要使用橡皮闭合圈。因其成分可能会溶入检样中，影响结果。

③ 病料装入容器后，一般要求密封，特别是对挥发性毒物，更应密封好，外面再用蜡封。用采样塑料袋包装时，可多包几层，并多层密封，以免毒物挥发和流失。

④ 在病料内不能加防腐剂，因其本身即为毒物，而且还可能与检样中的毒物作用，影响检验结果。特殊原因非加不可者，可加入纯酒精防腐，但必须同时送检纯酒精样品，以供对照用。

⑤ 将病料包装好后，要分别加贴标签，注明检样名称、取样日期、送检单位，并附上送检单。送检单上要写上：中毒死亡动物的单位或畜主姓名，死亡动物品种和数量，中毒日期和死亡日期，采取检样和送检的日期，送检动物和器官，使用何种防腐剂，包装和运送办法，要求检验的项目，同时附中毒后的症状，尸体剖检变化，诊断和用药情况，以便于检验结果的综合分析。

第2篇

临床治疗

第5章 注射

注射疗法是使用注射器或输液器将药液直接注入动物体内的给药方法。注射疗法是临床上最常用的治疗技术，具有给药量小、奏效快、避免经口给药受胃肠道内容物影响降低药效的优点。

5.1 注射器及使用前的准备

注射时需要注射器及注射针头。兽用注射器有玻璃制、塑钢制和金属制注射器；大量输液时，则有容量较大的输液瓶（玻璃制或塑料制）、输液筒等；此外，还有连续注射器、注射枪、微量输液调节器等。

5.1.1 注射器分类

（1）兽用金属注射器

该注射器主要用于动物的皮下、肌内注射，也可供少量药液静脉推注。使用时先将玻璃管置于套筒内，插入活塞，拧紧套筒玻璃管固定螺丝，旋转活塞调节手柄至适当松紧度，即可使用。塑钢制兽用注射器的应用范围与此相似。

（2）玻璃注射器

该注射器的构造比较简单，由针筒和活塞部分组成。通常针筒和活塞的后端有数字号码，同一注射器针筒和活塞的号码应相同，否则不能使用。玻璃注射器有各种规格容量以及偏头、中头之分，用时将活塞套入针筒。玻璃注射器多用于猪的耳静脉注射及实验动物的注射。

（3）塑料注射器（一次性注射器）

塑料注射器的筒体及活动抽吸杆用聚乙烯（PET）制造而成，可以耐受150℃以上高温，但要注意活塞的密封情况。由于塑料注射器具有防止交叉感染和易操作等优点，现已成为临床上应用最广泛的注射器。此种注射器规格也较全，能适用于不同的注射目的和注射对象。

（4）连续注射器

其结构类似于金属注射器，不同之处在于手柄内有一个弹簧装置，每注射一次，手柄可自动复位，并同时吸入药液至玻璃管内，故可作连续注射用。使用时，先将药液和注射器手柄用橡胶管连接，将注射器手柄连续压放数次，药液即可注满玻璃管，然后连接针头，即可连续注射。该注射器主要用于疫苗注射。

5.1.2　注射器使用的注意事项

① 针头选择要适宜。注射针头的型号较多，可根据用途选用。兽用一般以14号、16号针头供大家畜肌内注射和静脉注射，9号、11号针头供中、小家畜做肌内和皮下注射，5号、7号、9号供中、小家畜静脉注射。由于同种动物个体大小差异甚大，注射时深度也各有差异，因此，应视具体情况选用。同时，应检查针头与基部的连接是否牢固，针筒与活塞是否严密，针头有无弯曲、折裂痕迹，是否锋利。

② 所有注射用具于使用前必须清洗干净并进行消毒（煮沸或高温消毒）备用。使用后，应立即清洗、擦干，置于干燥处保存。

③ 注射前先将药液抽入注射器内，同时要认真检查药品的质量，有无变质、浑浊和沉淀。在混合注射两种以上药液时，应注意有无配伍禁忌。

④ 抽完药液后，一定要排出注射器内的气泡。

⑤ 注射时，必须严格执行无菌操作规程。

5.2 皮内注射

皮内注射是将药液注入表皮与真皮之间的注射方法，主要用于某些疾病的变态反应诊断。

5.2.1 应用

皮内注射与其他治疗注射相比，其药液的注入量少，所以少用于治疗。主要用于如牛结核、副结核、牛肝蛭病、马鼻疽等某些疾病的变态反应诊断，或做药物过敏试验，以及炭疽疫苗、绵羊痘苗等的预防接种，也可作为局部麻醉的起始步骤。一般仅在皮内注射药液、疫苗或菌苗 $0.1\sim0.5\text{mL}$。

5.2.2 准备

小容量注射器或 $1\sim2\text{mL}$ 特制的注射器与短针头、消毒药品及用具。

5.2.3 部位

通常选择被毛稀少、色素少、皮肤较薄的部位。牛马多在颈侧中上 1/3 处或尾根内侧；猪在耳根；鸡在肉髯。

5.2.4 方法

① 吸取药液，排尽注射器内空气。

② 动物适当保定，注射部位常规剪毛、消毒，左手绷紧注射部位，右手持注射器，针头斜面向上，与皮肤呈 5°角刺入皮内。

③ 待针头斜面全部进入皮内后，左手拇指固定针体，右手推注药液，局部可见一半球形隆起，俗称"皮丘"。

④ 注射完毕，迅速拔出针头，术部轻轻消毒，但应避免按压局部。

5.2.5 注意事项

① 注射部位一定要认真判定，应准确无误，否则将影响诊断或预防接种效果。

② 进针不可过深，以免刺入皮下，应将药物注入表皮和真皮之间。

③ 注射少于 1mL 的药液，必须用 1mL 注射器，以保证剂量准确。

④ 拔出针头后注射部位切勿用棉球按压揉擦。

⑤ 注射正确时，可见注射局部形成一半球状隆起，推药时感到有一

定的阻力，如误入皮下则无此现象。

5.3　皮下注射

　　皮下注射将药物注射到皮下结缔组织内，药物经毛细血管、淋巴管吸收进入血液，以发挥药效，从而达到防治疾病的目的。因皮下有脂肪层，吸收较慢，皮下注射一般需5～10min才能显现药效，但皮下注射维持时间较长。

5.3.1　应用

　　凡是易溶解、无强刺激性的药品及疫苗、菌苗、血清、抗蠕虫药（如伊维菌素）以及某些局部麻醉药，不能口服或不宜口服的药物，以及要求在一定时间内发生药效时，均可做皮下注射。如胰岛素口服在胃肠道内易被消化酶破坏，失去作用，而皮下注射迅速被吸收。主要用于局部麻醉用药或术前给药，以及预防接种。

5.3.2　准备

　　根据注射药量的多少，可用2mL、5mL、10mL、20mL、50mL的注射器及相应针头。当抽吸药液时，先将安瓿封口端用酒精棉消毒，并随时检查药品名称及质量。

5.3.3　部位

　　多选在皮肤较薄、富有皮下组织、活动性较大的部位。大动物多在颈部两侧；猪在耳根后或股内侧；羊在颈侧、背胸侧、肘后或股内侧；犬、猫在背胸部、股内侧、颈部和肩胛后部；禽类则选在翼下。

5.3.4　方法

　　① 吸取药液排尽空气。助手适当保定动物，注射部位常规剪毛、消毒。

　　② 术者左手中指和拇指捏起注射部位的皮肤，同时用食指尖下压使其呈皱褶陷窝，右手持连接针头的注射器，针头斜面向上，从皱褶基部陷窝处与皮肤呈30°～40°角刺入深约1.5～2.0cm（根据动物体型的大小及皮肤的厚度，适当调整进针深度）。

　　③ 此时如感觉针头无阻抗，且能自由活动针头时，左手把持针头与

注射器连接部，右手抽吸，无回血即可推压针筒活塞注射药液。

④ 注完后，左手持干棉球轻按刺入点，右手拔出针头，局部消毒。

5.3.5　注意事项

如需注射大量药液时，则应分点注射；当要注射大量药液时，应利用深部皮下组织注射，这样可以延缓吸收并能辅助静脉注射。

5.4　肌内注射

肌内注射是将药物注入肌肉组织内的给药方法，肌内注射是兽医临床上应用最多的方法。

5.4.1　应用

由于肌肉内血管丰富，药液注入肌肉内吸收较快。由于肌肉内的感觉神经较少，注射时疼痛轻微。因此，刺激性较强和较难吸收的药液，进行血管内注射而有副作用的药液，油剂、乳剂等不能进行皮下或血管内注射的药液，或为了延缓吸收、持续发挥作用的药液等，均可采用肌内注射。但由于肌肉组织致密，仅能注射较少量的药液。

5.4.2　部位

肌内注射时，应选择肌肉丰满无大血管的部位，如臀部、颈部和背部肌肉。大动物与犊、驹、羊等多在颈侧、臀部及股前部；猪在耳根后、臀部或股内侧；犬、猫等宜在背部或臀部；禽类在胸肌部或大腿部。

5.4.3　准备

根据动物种类和注射部位不同，选择大小适当的注射针头，犬、猫宜选用 7 号针头，猪、羊选用 12 号针头，牛、马选用 16 号针头，根据药量选用注射器。

5.4.4　方法

① 吸取药液排尽空气。动物适当保定，局部常规消毒处理。

② 左手的拇指和食指将注射部皮肤绷紧，右手持注射器，使针头与注射部皮肤垂直（小动物宜使针头与皮肤成 60°角），迅速刺入肌肉内。一般刺入 2~3cm（小动物刺入深度酌减）。

③ 然后用左手拇指与食指握住露出皮外的针头与注射器结合部分，

以食指指节顶在皮上，再用右手抽动针管活塞，观察无回血后，即可注入药液。如有回血，可将针头拔出少许再行试抽，直至无回血后方可注入药液。

④ 注射完毕，左手持酒精棉球压迫针孔部，迅速拔出针头。

5.4.5　注意事项

① 如果动物骚动或操作不熟练，注射针头与玻璃或塑料注射器的连接部易折断。切勿把针全部刺入，一般刺入针长度的 2/3 为宜，以防针从根部折断。

② 肌肉比皮肤感觉迟钝，因此注射具有刺激性的药物，不会引起剧烈疼痛，但对强刺激性药物如钙制剂、浓盐水等不宜做肌内注射。

③ 两种药液同时注射时，要注意配伍禁忌。

④ 长期进行肌内注射的动物，注射部位应交替更换，以减少硬结的发生。

⑤ 根据药液的量、黏稠度和刺激性的强弱选择合适的注射器和针头。

5.5　静脉注射

静脉注射是将药液注入静脉内或利用液体静压将一定量的无菌溶液、药液或血液直接滴入静脉的方法，是临床治疗和抢救患病动物的重要给药途径。

5.5.1　应用

用于大量的输液、输血；以治疗为目的的急需速效的药物（如急救、强心等）；注射药物有较强的刺激作用，不能皮下、肌内注射，只能通过静脉注射才能发挥药效的药物。

5.5.2　准备

① 静脉注射或输液的用品，包括注射盘、瓶套、开瓶器、止血带、血管钳、胶布、剪毛剪、无菌纱布、药液、输液架。

② 根据注射用量可备 50～100mL 注射器及相应的注射针头或连接乳胶管的针头。大量输液时则应分别使用 250mL、500mL、1000mL 输液瓶，并以乳胶管连接针头，在乳胶管中段装滴注玻璃管或乳胶管夹子，以调节滴数，掌握其注入速度。采用一次性输液器则更为方便。

③ 注射药液的温度要尽可能地接近于体温。使用输液瓶时，输液瓶的位置应高于被注射动物心脏水平位置。

5.5.3　方法

（1）牛的静脉注射

牛的颈静脉位于颈静脉沟内。牛皮肤较厚且敏感，一般应用突然刺针的方法进针。

① 助手将牛的头部安全固定，并将颈静脉沟部剪毛、消毒。

② 术者左手中指及无名指压迫颈静脉的下方，或用一根细绳或乳胶管在颈部的中 1/3 下方缠紧，使静脉怒张。

③ 右手持针头，对准注射部位并使针头与皮肤垂直，用腕力迅速将其刺入血管，见有血液流出后，将针头再沿血管向前推送，然后连接输液瓶的乳胶管，药液即可徐徐注入血管中。

（2）马的静脉注射

马的颈静脉比较浅显，位于颈静脉沟内。

① 助手将马的头部安全固定，并将颈静脉沟部剪毛、消毒。

② 术者用左手拇指横压注射部位稍下方的颈静脉沟，使脉管充盈怒张。

③ 右手持针头，使针尖斜面向上在压迫点前上方约 2cm 处，使针尖与皮肤成 30°～45°角，迅速准确地刺入静脉内，感到空虚并见有回血后，再沿脉管向前进针。

④ 松开左手，靠近皮肤，同时用拇指与食指固定针头的连接部，此时即可连接注射器或输液瓶的乳胶管，徐徐注入药液。如为输液瓶时，应先放低输液瓶，验证有回血后，再将输液瓶提至与动物头同高，并用夹子将乳管近端固定于颈部皮肤上，使药液徐徐注入静脉内。

⑤ 注射完毕，左手持酒精棉球压紧针孔，右手迅速拔出针头，然后涂以 2% 碘酊消毒。

（3）犬的静脉注射

① 前臂头静脉注射法。此静脉位于前肢腕关节正前方稍偏内侧。卧或站立保定，助手或者犬主人从犬的后侧握住犬的肘部，使皮肤向上牵拉和静脉怒张，也可用止血带或乳胶管结扎，使静脉怒张。操作者位于犬的

前面，局部除毛、消毒，操作者一手握住注射肢的腕部，另一手持注射针由近腕关节 1/3 处刺入静脉，当确定针头在血管内后，针头连接管处见到回血，再顺静脉管进针少许，以防犬骚动时针头滑出血管；松开止血带或乳胶管，即可注入药液，并调整输液速度。静脉输液时，可用胶布缠绕固定针头。注射完毕，以棉签或棉球按压穿刺点，迅速拔出针头，局部按压或叮嘱畜主按压片刻，防止针孔出血。

② 后肢外侧小隐静脉注射法。此静脉位于后肢胫部下 1/3 的外侧浅表皮下，由前斜向后上方，易于滑动。注射时，使犬侧卧保定，局部剪毛消毒。用乳胶带绑在犬股部，或由助手用手紧握股部，使静脉怒张。操作者位于犬的腹侧，左手从内侧握住下肢以固定静脉，右手持注射针由左手指端处刺入静脉。其他操作同前臂皮下静脉注射法。

③ 后肢内侧面大隐静脉注射法。此静脉在后肢膝部内侧浅表的皮下。助手将犬背卧后固定，伸展后肢向外拉直，暴露腹股沟；在腹股沟三角区附近，先用左手中指、食指探摸股动脉跳动部位，在其下方剪毛消毒；然后右手持针头，针头由跳动的股动脉下方直接刺入大隐静脉管内。注射方法同前述的后肢小隐静脉注射法。

（4）猪的静脉注射

① 耳静脉注射法。将猪站立或侧卧保定，耳静脉局部剪毛、消毒。具体操作如下：助手侧卧保定猪，固定头部，并用手压住猪耳背面耳根部静脉管处，使静脉怒张，或用酒精棉反复涂擦，并用手指弹叩，以引起血管充盈。术者用左手把持耳尖，并将其托平；右手持连接注射器的针头，沿静脉管的径路刺入血管内，轻轻抽动针筒活塞，见有回血后，再沿血管向前进针。助手松开压迫静脉的手指，术者用左手拇指压住注射针头，连同注射器固定在猪耳上，右手徐徐推进针筒活塞或高举输液瓶即可注入药液。注射完毕，左手拿灭菌棉球紧压针孔处，右手迅速拔针。为了防止血肿或针孔出血应压迫片刻，最后涂擦碘酊。

② 前腔静脉注射法。用于大量输液或采血。前腔静脉是由左右两侧的颈静脉和腋静脉在第一对肋骨间的胸腔入口处的气管腹侧面汇合而成。注射部位在第 1 肋骨与胸骨柄结合处的前方。由于左侧靠近膈神经，易损伤，故多于右侧进行注射。针头刺入方向近似垂直并稍向中央及胸腔倾斜，刺入深度依猪体大小而定，一般为 2～6cm。因此，应选用 7～9 号针

头。取站立或仰卧保定。

站立保定时的注射部位在右侧耳根至胸骨柄的连线上，距胸骨端1～3cm处。术者拿连接针头的注射器，稍斜向中央刺向第1肋骨间胸腔入口处，边刺入边抽动注射器活塞或内管，见有回血时，标志已刺入前腔静脉内，即可徐徐注入药液。

取仰卧位保定时，先固定好猪的两前肢及头部，胸骨柄向前突出，并于两侧第1肋骨结合处的直前侧方呈两个明显的凹陷窝，用手指沿胸骨柄两侧触诊时感觉更明显，多在右侧凹陷窝处进行注射。注射部位消毒后，术者持连接针头的注射器，由右侧沿第1肋骨与胸骨结合部前方的凹陷窝处刺入，并稍斜刺向中央及胸腔方向，一边刺一边回抽，见回血后，即可注入药液，注完后左手持酒精棉球紧压针孔，右手拔出针头，涂抹碘酊消毒。

5.5.4 注意事项

① 严格无菌操作。对所有注射用具及注射局部，均应进行严格消毒。

② 刺针前应排净注射器或输液乳胶管中的空气。

③ 药液直接注入脉管内，随血液分布全身，药效快，作用强，注射部位疼痛反应较轻。但药物代谢较快，作用时间较短。药物直接进入血液，不会受到消化道及其他脏器的影响而发生变化或失去作用。病畜能耐受刺激性较强的药液，如钙制剂、水合氯醛、10％氯化钠等，并且能容纳大量的输液和输血。

④ 注意检查药品的质量，防止杂质、沉淀。混合注入多种药液时，应注意配伍禁忌。

⑤ 输液过程中，要注意观察动物的表现，如有骚动、出汗、气喘、肌肉震颤以及犬发生皮肤丘疹、眼睑和唇部水肿等征象时，应及时停止注射。当发现输入液体突然过慢或停止以及注射局部明显肿胀时，应检查回血，放低输液瓶。或一手捏紧乳胶管上部，使药液停止下流，再用另一只手在乳胶管下部突然加压或拉长，并随即放开，利用产生的一时性负压，看其是否回血。也可用右手小指与手掌捏紧乳胶管，同时以拇指与食指捏紧远心端前段乳胶管并拉长，造成负压，随即放开，看其是否回血。如针头已滑出血管外，则应重新刺入。

5.6 气管内注射

气管注射是将药液注入气管内，使药物直接作用于气管黏膜的注射方法。

5.6.1 应用

适用于气管及肺部疾病的治疗。临床上常将抗生素注入气管内治疗支气管炎和肺炎，或进行肺脏的驱虫；还可注入麻醉剂治疗剧烈的咳嗽。

5.6.2 部位

根据动物种类及注射目的不同，注射部位也不同。一般在颈部上 1/3 处，腹侧面正中，两个气管软骨环之间进行注射。

5.6.3 方法

动物仰卧、侧卧或站立保定，使前躯稍高于后躯，注射部剪毛消毒，术者一手持连接针头的注射器，另一手握住气管，于两个气管软骨环之间垂直刺入气管内。当穿透气管内壁时，感觉针前端空虚、无阻力，此时可摆动针头。针尖紧靠气管内壁后，接上预先吸取药液的针筒，缓缓注入。注射过程中要妥善保定好动物头部，以防动物头颈部活动而使针头脱出或折断针头。注射完后拔出针头，涂抹碘酊消毒。

5.6.4 注意事项

① 注射前宜将药液加温至 38℃ 左右，以减轻刺激。

② 注射过程如遇动物咳嗽时，则应暂停注射，待安静后再行注入。如病畜咳嗽剧烈，或为了防止注射诱发咳嗽，可先注射 2% 盐酸普鲁卡因溶液 2～5mL（大动物），降低气管的敏感反应，再注入药液。

③ 注射速度不宜过快，以每分钟 15～20mL 为宜，以免刺激气管黏膜，咳出药液。

④ 刺激性强的药物禁做气管注射。常用的药物有青霉素、链霉素、薄荷脑、石蜡油等。

⑤ 注射药液量不宜过多，猪、羊、犬一般为 3～5mL，牛、马为 20～30mL。量过大时，易发生气管阻塞而引起呼吸困难。

5.7　腹腔注射

腹腔注射是将药液注入腹腔内的一种注射方法，其利用药物的局部作用和腹膜的吸收作用达到治疗疾病的目的。

5.7.1　应用

当静脉不宜输液时可用本法。腹腔内注射在大动物较少应用，而在小动物的治疗上则经常采用。对犬、猫也可注入麻醉剂。本法还可用于腹腔积液的治疗，即利用穿刺排出腹腔内的积液，借以冲洗、治疗腹膜炎。

5.7.2　部位

牛在右侧肷窝部；马在右侧肷窝部；犬、猫则宜在两侧后腹部；猪在第5、6乳头之间，腹下静脉和乳腺中间也可进行。单纯为了注射药物，牛、马可选择肷部中央；如有其他目的，则可依据腹腔穿刺法进行。

5.7.3　方法

大动物宜取站立保定，注射部位进行剪毛、消毒；给犬、猪、猫注射时，先将其两后肢提起，行倒立保定；局部剪毛、消毒。术者一手把握腹侧壁，另一手持连接针头的注射器，在距耻骨前缘3～5cm处的中线旁垂直刺入。刺入腹腔后，摇动针头有空虚感时，回抽注射器没有血液或肠内容物即可注射。注射完毕用灭菌棉球轻压注射部位，退出注射器，局部消毒。

5.8　瓣胃注射

瓣胃注射是将药液注入牛、羊等反刍动物瓣胃的注射方法，目的是使瓣胃内容物软化。

5.8.1　应用

将药液直接注入瓣胃中，主要用于治疗瓣胃阻塞或某些特殊药品给药（如治疗血吸虫的吡喹酮）。

5.8.2　准备

15cm长16号针头或穿刺针，注射器，注射用药品（液状石蜡、25%硫酸镁、生理盐水、植物油等）。

5.8.3 部位

瓣胃位于右侧第 7～10 肋间，其注射部位在右侧第 9 肋间与肩关节水平线交点的下方 2cm 处。

5.8.4 方法

局部剪毛、消毒。术者左手稍移动注射部位的皮肤，右手持针头从注射部位垂直刺入皮肤后通过肋间隙进入腹腔，使针头朝向对侧（左侧）肘头方向，刺入深度为 8～10cm（羊稍浅），先有阻力感，刺入瓣胃内则阻力减小，并有沙沙感。此时注入 20～50mL 生理盐水，再迅速回抽，如混有食糜或胃内容物，即可确定刺入瓣胃内，可开始注入所需药物（如 25％硫酸镁、生理盐水、液状石蜡等）。注射完毕，迅速拔出针头，术部擦涂碘酊，也可用碘仿火棉胶封闭针孔。

5.8.5 注意事项

动物要确实保定，对骚动不安的患畜可先肌内注射镇静剂后再进行注射。在注入药物前，一定要确保针头准确刺入瓣胃。

5.9 乳池内注射

乳池内注射是指经导乳管将药液注入乳池的注射方法。

5.9.1 应用

主要用于治疗奶牛、奶山羊乳房炎，或通过导乳管送入空气治疗奶牛生产瘫痪。

5.9.2 准备

导乳管（或尖端磨得光滑钝圆的针头），50～100mL 注射器或输液瓶，乳房送风器及药品。

5.9.3 方法

① 动物站立保定，挤净乳汁，清洗乳房，拭干后用 70％酒精消毒乳头。

② 以左手将乳头握于掌内，轻轻向下拉，右手持消毒的导乳管，自乳头口慢慢插入。并顺势以左手把握乳头及导乳管。

③ 右手持注射器与导乳管连接，或将输液瓶的乳胶导管与导乳管连

接，然后徐徐注入药液。

④ 注完后拔出导乳管或针头，以左手拇指和食指捏闭乳头口，右手按摩乳房，使药液扩散。

⑤ 如治疗产后瘫痪需要送风时，可使用乳房送风器、100mL 注射器及消毒打气筒送风。送风之前，在金属滤过筒内放置灭菌纱布，滤过空气，防止感染。先将乳房送风器与导乳管连接。4 个乳头分别充满空气，充气量以乳房的皮肤紧张、乳腺基部边缘清楚变厚、轻敲乳房发出鼓音为标准。充气后，可用手指轻轻捻转乳头，并结系一条纱布，防止空气溢出，经 1h 后解除。

5.9.4 注意事项

① 注射前挤净乳汁，注后要充分按摩，注药期间不要挤乳。

② 如果是洗涤乳池，将洗涤药液注入后即可挤出，反复数次，直至挤出液透明，最后注入抗生素溶液。

③ 操作时应注意无菌，以防感染，导乳管或针头插入前需涂以消毒的润滑油，插入时动作要轻，以防损伤乳头管黏膜。

第6章 内服给药

6.1 直接灌药法

对于多数病情较重的、食欲废绝的病畜，以及食欲尚可但不愿自行采食药物的病畜，都可以用强制的方法将药液经口灌入其胃内。此法适用于水剂药物或散剂及研碎的片剂等加适量的水而制成的溶液、混悬液。多用于猪、犬、猫等中小动物，其次是牛及马属动物。

6.1.1 准备

灌角、橡胶瓶、小勺、洗耳球或不接针头的注射器等投药器具，并注意清洗和消毒。另外尚须准备保定用具。

6.1.2 方法

（1）牛灌药法

① 将牛保定于保定栏内站立，助手握住角根和鼻中隔（或术者自己徒手保定），使牛头稍抬高，固定头部。

② 术者用一手从一侧口角伸入打开口腔，另一手持橡胶瓶从另侧口角伸入口腔，边摇边缓慢注入药液，防止药物沉积。

③ 当橡胶瓶中药物所剩不多时，提醒助手将牛头抬高，术者顺势将剩余少量药物全部投入口腔。

整个灌药过程中注意不能压住舌体，以防出现吞咽困难。

（2）猪灌药法

① 哺乳仔猪给药时，助手右手持两后肢，左手从耳后握住头部，使猪呈腹部向前、头在上的姿势；并用拇指、食指压住两边口角，猪口腔自然张开。术者用药匙或注射器（不连接针头）自口角处徐徐灌入药液；投药后使其闭嘴，可自行咽下。

② 仔猪、育成猪或后备猪灌药时，助手握住两耳基部，使腹部向前将猪提起，并将后躯夹于两腿间，或使猪仰卧在猪槽中。术者一手用小木棒（或开口器）将猪嘴撬开，另一手用药匙或小灌角分次少量进行灌服。

（3）马、骡灌药法

① 病畜柱栏内站立保定，用一条软细绳从柱栏横木铁环中穿过，一端做成圆套从笼头鼻梁下面穿过，套在上颚切齿后方，另一端由助手或畜主拉紧将马头吊起，使口角与耳根连线与地面基本平行，助手（畜主）的另一只手把住笼头。

② 术者站在侧前方，左手从马的一侧口角处伸入口腔，轻压舌头，右手持盛满药液的药瓶，自另一侧口角伸入舌背部抬高瓶底，并轻轻震抖。

③ 如用橡胶瓶时，可挤压瓶体，促进药液流出，配合吞咽动作灌服，直至灌完。注意不要连续灌注，以免误咽。

（4）犬、猫灌药法

站立保定，助手或主人抓住犬、猫上下颌，将其上下分开，术者持投药器将药液倒入口腔深部或舌根上，慢慢松开手，让其自行咽下，直到灌完所有药液。

6.2　胃管灌药法

用胃管经鼻腔或口腔插入食道，将大量的水溶性药液、可溶于水的流质药液以及有异味或刺激性的药物投到患病动物食道（或胃）内的给药方法，称为胃导管灌药法，适用于各种动物。

6.2.1　准备

胃管依动物种类不同而选用相应口径及长度的橡胶胶管。牛、马可用特制的胃管，其端钝圆；猪、羊、犬可用大动物导尿管。漏斗、胃管用前应用温水清洗干净，排出管内残水，前端涂以润滑剂（如液体石蜡、凡士林等），而后盘成数圈，用右手握好。

6.2.2　方法

（1）马、骡胃管投药法

① 将病马在柱栏内妥善保定，畜主站在马头左侧握住笼头，固定马头不要过度前伸。

② 术者站于马头稍右前方，用左手无名指与小指伸入左侧上鼻翼的

副鼻腔，中指、食指伸入鼻腔，与鼻腔外侧的拇指固定内侧的鼻翼。

③ 右手持胃管将前端通过左手拇指与食指之间沿鼻中隔徐徐插入鼻腔，同时左手食指、中指与拇指将胃管固定在鼻翼边缘，以防病畜骚动时胃管滑出。当胃管前端抵达咽部后，随病畜咽下动作将胃管插入食道。要注意不要误插入气管内，为了检查胃管是否正确进入食道内，可做鉴别。

④ 确定胃管通过咽部进入食道后，再将胃管前端推送到颈部下 1/3 处，在胃管另端连接漏斗，即可投药。

⑤ 投药完毕，再灌以少量清水，冲净胃管内残留药液，然后右手将胃管折曲一段，徐徐抽出。

（2）牛胃管投药法

① 保定栏内站立保定，安装牛鼻钳，或一手握住角根，另一手固定鼻中隔，使牛头稍抬高，然后安装横木开口器（或特制开口器），并用绳系在两角根后部。

② 术者取胃管，从开口器的中间孔插入，前端抵达咽部时，轻轻来回抽动以刺激吞咽动作，随牛吞咽时将胃管插入食道中，以后的操作方法与马的相同。最后取下开口器，解除保定。

（3）猪、羊胃管投药法

① 助手抓住动物的两耳（或羊角），将前驱夹于两腿之间，如果是大猪可用鼻端固定器固定，并装上横木开口器（或特制开口器）固定于两耳后。

② 术者取胃管，从开口器的中间孔插入食道内，以后的操作要领与成年马相同，但胃管应细，一般使用大动物导尿管即可。

（4）犬胃管投药法

① 投药时对犬施以坐姿保定。

② 打开口腔，选择大小适合的胃管，用胃管测量犬鼻端到第 8 肋骨的距离后，做好记号。

③ 用润滑剂涂布胃管前端，插入口腔，从舌面上缓缓地向咽部推进，在犬出现吞咽动作时，顺势将胃管推入食管直至胃内。判定插入胃内的标志是，从胃管末端吸气呈负压，犬无咳嗽表现。

④ 然后连接漏斗，将药液灌入。灌药完毕，除去漏斗，压扁导管末端，缓缓抽出胃管。

6.2.3 注意事项

① 胃管投药前应根据动物的种类和大小选择相应的开口器、口径及长度和软硬适宜的橡胶管（胃管）。

② 插入或抽动胃管时要小心、缓慢，不得粗暴。有时病畜拒绝下咽，推送困难，此时不要勉强推送，应稍停或轻轻抽动胃管，或在咽喉外部进行按摩，诱发吞咽动作，伺机将胃管插入食道。

③ 当病畜呼吸极度困难或有鼻炎、咽炎、喉炎、高温时，忌用胃管投药。

④ 牛插入胃管后，遇有气体排出，应鉴别是来自胃内还是呼吸道。来自胃内气体有酸臭味，气味的发出与呼吸动作不一致。

⑤ 牛经鼻投药，胃管进入咽部或上部食道时，如发生呕吐，则应放低牛头，以防呕吐物误咽入气管。如呕吐物很多，则应抽出胃管，待吐完后再投。牛的食道较马短而宽，故胃管通过食道的阻力较小。

⑥ 当证实胃管插入食道深部后再进行灌药。如灌药后引起咳嗽、气喘，应立即停灌。如灌药中因动物骚动使胃管移动脱出时，亦应停止灌药，待重新插入判断无误后再继续灌药。

⑦ 经鼻插入胃管，常因操作粗暴、反复投送、强烈抽动或管壁干燥，刺激鼻黏膜肿胀发炎，有时导致血管破裂引起鼻出血。在少量出血时，可将动物头部适当高抬或吊起，冷敷额部，并不断淋浇冷水。如出血过多冷敷无效时，可用1％鞣酸棉球塞于鼻腔中，或者皮下注射0.1％盐酸肾上腺素5mL或1％硫酸阿托品1~2mL，必要时可注射止血药。

⑧ 胃管投药时，必须正确判断是否插入食道，否则会将药液误灌入气管和肺内引起异物性肺炎。

⑨ 药物误投入呼吸道后，动物立即表现不安，频繁咳嗽，呼吸急促，鼻翼开张或张口呼吸；继而可见肌肉震颤，出汗，黏膜发绀，心跳加快，心音增强，音界扩大；数小时后体温升高，肺部出现明显广泛的啰音，并进一步呈现异物性肺炎的症状。如灌入大量药液时，可造成动物的窒息或迅速死亡。

⑩ 抢救措施：在灌药过程中，应密切注意病畜表现，一旦发现异常，

应立即停止并使动物低头，促进咳嗽，呛出药物。其次应用强心剂或给予少量阿托品兴奋呼吸系统，同时应大量注射抗生素制剂，直至恢复。严重者，可按异物性肺炎的疗法进行抢救。

6.3 混饲给药法

混饲给药法是将药物均匀地混拌在饲料中，让动物采食时连同药物一并吃入胃内的一种给药方法。该法简便易行，节省人力，故常用于集约化养猪场、养禽场的预防性给药，也适合于对尚有食欲的发病动物进行治疗。

混饲给药方法如下。

（1）准确掌握药物拌料的比例

按照拌料给药的标准，准确、认真计算所用药物剂量，如按动物体重给药，应严格按照个体体重，计算出动物群体体重，再按要求将药物拌入料内。同时，也要注意拌料用药标准与饲喂次数相一致，以免造成药量过小起不到作用或药量过大引起动物中毒。

（2）药物与饲料必须混合均匀

特别在大批量饲料拌药时，更需多次逐步分级扩充，以达到充分混匀的目的。切忌将全部药量一次加入到所需饲料中，因为简单混合时药物混合不均，容易造成部分动物药物中毒而大部分动物吃不到药物，达不到防治疾病的目的或贻误病情。

（3）密切注意不良反应

有些药物混入饲料后，可与饲料中的某些成分发生拮抗作用。例如饲料中长期混合磺胺类药物时，就容易引起鸡 B 族维生素或维生素 K 缺乏，此时就应适当补充这些维生素。

6.4 饮水给药法

饮水给药法是将药物溶解在动物饮水中，让动物饮水时食入药物，从而使药物在体内发挥其药效的一种给药方法。常用于预防给药和治疗疾病，尤其在动物发病后，食欲降低而仍能饮水的情况下更为适用。饮水给药注意事项，除拌料给药的注意事项外，还应注意以下几点。

① 对一些在水中不容易被破坏的药物，可以加入到动物饮水中，让动物长时间自由饮用；而对一些容易被破坏的药物，则要求动物在一定的时间内饮入定量的药物，以保证其药效。

② 对一些不容易溶解的药物可以适当加热或搅拌，促进药物溶解，以达到饮水给药的目的。

第7章 其他治疗

7.1 药浴技术

动物药浴就是给动物用药液洗澡或进行喷淋，故有时也称药淋。一般是针对动物螨采取的一项防治措施。近年来，随着新杀虫药物的出现，在生产中也可以采用注射或口服灌药等方法来对外寄生虫病进行防治，这样在用药季节上、给药方法上会更加简便灵活，但在某些地区和条件下，药浴仍是一种重要的防治外寄生虫感染的方法。

7.1.1 药浴使用的药剂

可以用作药浴的杀虫药物很多，常用的药浴液如下：0.025%螨净（二嗪农）、0.05%溴氰菊酯、0.03%～0.05%双甲脒、0.015%～0.025%巴胺磷（赛福丁）、0.05%辛硫磷、杀虫脒（0.1%～0.2%的水溶液）、DDT（0.2%～0.5%的浓度）、6%可湿性六六六（用0.03%的浓度，系指含纯六六六的浓度）等。随着科学技术的发展和经济水平的提高，药浴的药物会不断被更新或淘汰，要尽量选用广谱、价格低廉、高效、安全的药物，并按药物说明进行配制和使用。

7.1.2 药池的建造

药池要求狭长，以保证动物通过时身体能充分浸泡在药液中。深度以动物平均身高的2倍为宜，药液在能淹没动物身体的同时，要求药液面以上的池沿必须保持足够的高度，防止动物从池沿爬出。入口与出口处分别砌有斜坡，以供动物安全出入药池。在药池的出口处砌有滴流台，可使动物身上的药液充分回流到药池内。

7.1.3 药浴的组织工作

在北方地区每年药浴的时间都是在动物剪毛时（一般在剪毛后半个月内）或温暖的季节进行。为了保证药浴实施顺利，效果确实，不出事故，必须把相关工作做好。

① 药浴和驱虫一样，首先要做到有的放矢，事前做好流行病学调查，

详细了解对当地需要进行药浴的动物螨病病原及其他外寄生虫感染情况。在此基础上，做到"领导、技术人员、饲养员"三结合，以保证药浴工作的顺利实施。

② 兽医人员在药浴开始前检查所有用具。如药浴池、药浴槽，或其他擦洗动物用的盆、桶、锅等容器及擦洗用的刷子等，有损坏的要修补好，药浴时所用药品要准备充足。

③ 参加大批动物药浴工作的人员要根据体力强弱进行分工。配药、抓动物、打水、擦洗等工作应做到紧张而有秩序。

④ 要通知各个药浴点，按照预定日期、时间有序地进行药浴，以免发生拥挤或怠工现象。

⑤ 在利用药浴池进行药浴时，要按动物大小、公母适当分群进行，以免发生事故。对体质十分瘦弱的动物尤其要特别小心。

7.1.4　药浴注意事项

① 药浴用杀虫药一般对宿主都有一定的毒性，若使用不当，可引起中毒反应。因此在大范围应用前，必须选择整个动物群中有代表性的少量动物先进行试用，以免发生大批中毒死亡。

② 药浴前 8h 停止喂料，入浴前 2h 给动物饮足水，以免动物入浴池后吞饮药液。药浴的顺序是先让健康动物药浴，有疥癣病的动物最后药浴。

③ 动物长期使用同一种杀虫药，能引起病原对这种杀虫药的敏感性降低，产生抗药性，因此应当用不同作用机理的杀虫药轮替使用，以减少或延缓抗药性的产生。

④ 药液的深度以淹没动物体为原则。浴池为一个狭长的走道，当动物走近出口时，要将动物头压入药液内 1～2 次，以防头部发生疥癣。

⑤ 离开药池让动物在滴流台上停留 20min，待身上药液滴流入池后，再将动物收容在凉棚或宽敞的厩舍内，免受日光照射，过 6～8h 后，方可饲喂或放牧。

⑥ 妊娠 2 个月以上的动物，不宜进行药浴。

⑦ 药浴的时间最好是剪毛后 7～10d 进行，如过早，则动物毛太短，动物体上药液沾得少；若过迟，则毛太长，药液沾不到皮肤上，对消灭体外寄生虫和预防疥癣病不利。多数杀虫药品对虫卵的作用较差，因此应当

在第一次药浴后，隔8～14d再药浴一次，以杀死新孵出的幼虫。

⑧ 对同一地区的动物最好集中时间进行药浴，不宜漏浴，对与动物密切接触的相关动物也应同时进行药浴。

⑨ 工作人员应戴好口罩和橡皮手套，以防中毒。

⑩ 杀虫药在动物体内的分布和组织内的残留及维持时间的长短，与公共卫生关系非常密切。杀虫药残留的动物产品（乳、肉和蛋）供人食用，对人体健康会造成伤害。动物使用杀虫药后都需要有一定的休药期。在休药期内的动物不得被屠宰，其产品不得上市销售和食用。

特别要注意的是：目前许多国家对杀虫药残留问题十分重视，对使用杀虫药有严格的条例规定，并制定了各种食品的杀虫药残留允许标准。其中涉及杀虫药的生产、销售，以及限制杀虫药的使用浓度、次数、时间及范围等，并严格对此进行监测。所以，进行杀虫时，必须认真遵守相关国际惯例和国家有关标准、法律规定。

7.2 洗胃技术

洗胃疗法的目的在于排出胃内容物，调节酸碱度，恢复胃的蠕动和分泌机能。临床上主要用于治疗食物中毒、瘤胃积食、胃弛缓、皱胃炎及瘤胃酸中毒的病畜，以清除胃内容物及刺激物，避免毒物的吸收。

7.2.1 用具

胃管、温水、石灰水溶液、1%～2%牛理盐水、2%～3%碳酸氢钠溶液、0.1%高锰酸钾溶液、开口器、吸引器、保定用具。

7.2.2 准备

大动物于柱栏内站立保定，中、小动物可站立保定或在手术台上侧卧保定，装上开口器，固定好头部。

7.2.3 方法

① 先用胃管测量到胃内的长度，并做好标记。马是从鼻端到第14肋骨，牛是从鼻至倒数第5肋骨，羊是从唇至倒数第2肋骨。

② 从口腔徐徐插入胃管，到胸腔入口及贲门处时阻力较大，应缓慢插入，以免损伤食道黏膜。必要时可灌入少量温水，待贲门弛缓后，再向前推送入胃，胃管前端经贲门到达胃内后，阻力突然消失（操作方法基本

同 6.2 小节胃管灌药法）。

③ 放低导管的游离端，此时可有酸臭气味或食糜排出，如不能顺利排出胃内容物，可装上漏斗灌入温水，将头压低，利用虹吸原理或用吸引器抽出胃内容物。如此反复多次，逐渐排出胃内大部分内容物，直至病情好转。

④ 治疗胃炎时，导出胃内容物后，要灌入防腐消毒药。冲洗完之后，缓慢抽出胃管，解除保定。

7.2.4　注意事项

① 操作中动物易骚动，要注意人畜安全。

② 根据不同种类的动物，应选择适宜长度和粗度的胃管。

③ 当中毒物质不明时，应抽出胃内容物送检。洗胃溶液可选用温开水或等渗盐水。

④ 洗胃过程中，应随时观察脉搏、呼吸的变化，并做好详细记录。

⑤ 每次灌入量与吸出量要基本相符。马胃扩张时，开始灌入温水使食糜膨胀，但不宜过多，以防胃破裂。瘤胃积食和瘤胃酸中毒时，宜反复灌入大量温水，方能洗出瘤胃内容物。

7.3　阴道及子宫冲洗技术

阴道冲洗主要为了排出炎性分泌物，用于阴道炎的治疗。子宫冲洗用于治疗子宫内膜炎和子宫蓄脓，排出子宫内的分泌物及脓液，促进黏膜修复，以尽快恢复其生殖功能。

7.3.1　准备

（1）器材

根据动物种类准备相应型号的开膣器、颈管钳子、颈管扩张棒、子宫冲洗管、洗涤器及橡胶管，用前均需消毒处理。

（2）冲洗溶液

微温生理盐水、0.1%雷佛奴尔溶液及 0.1%～0.5%高锰酸钾溶液等。还可用抗生素及磺胺类制剂。

7.3.2 方法

（1）子宫冲洗

① 充分洗净外阴部，术者手及手臂常规消毒。

② 先用颈管钳子钳住子宫外口左侧下壁，拉向阴唇附近。

③ 术者手握输液瓶或漏斗所连接的长胶管，徐徐插入子宫颈口，再缓慢导入子宫内。

④ 提高输液瓶或漏斗，药液可通过导管流入子宫内，待输液瓶或漏斗的冲洗液快流完时，迅速把输液瓶或漏斗放低，借虹吸作用使子宫内液体自行排出。

⑤ 如此反复冲洗2～3次，直至流出的液体与注入的液体颜色基本一致。

（2）阴道冲洗

① 先充分洗净外阴部，而后插入开膣器开张阴道。

② 把导管的一端插入阴道内，提高漏斗，冲洗液即可流入，借病畜努责冲洗液可自行排出，如此反复洗至冲洗液透明。

7.3.3 注意事项

① 操作认真，防止粗暴，特别是插入导管时更须谨慎，防止子宫壁穿孔。同时严格遵守消毒规则。

② 子宫积脓或子宫积水的病例，应先将子宫内积液排出后，再进行冲洗。

③ 冲洗液用量不宜过大，一般500～1000mL即可。

④ 不得应用强刺激性或腐蚀性的药液冲洗。

⑤ 注入子宫内的冲洗药液，尽量充分排出，必要时可通过直肠按摩子宫促使排出。

7.4 灌肠技术

灌肠疗法是兽医临床治疗动物胃肠道疾病（如肠便秘、消化不良、胃肠道各种炎症、异物阻塞、轻度肠套叠等）的方法之一。

7.4.1　灌肠液选择

灌肠的液体一般选温热液体，即液温接近动物体温。温热液体包括肥皂水、高锰酸钾水、淡盐水等，根据不同病情选择应用。

（1）温肥皂水灌肠

① 在肠便秘（多由于过食、消化不良、发热性疾病等引起）时，灌入温肥皂水为佳（肥皂水浓度不宜过大，以水中有适量肥皂泡为宜），主要凭借温热刺激、润滑，促进肠管蠕动，软化粪便，使粪便顺利排出体外。

② 若阻塞较为顽固，可同时应用助消化药、调理胃肠药，再口服泻剂等。若肠道有积气，在以上处理的同时，还应给予消胀药物。

（2）高锰酸钾水、淡盐水灌肠

① 对于胃肠道炎症，灌肠也是一种很好的辅助治疗方法。肠道炎症时，肠道内有各种各样的病理产物，如黏液、脓液、血液、脱落的肠黏膜、胶冻样分泌物等，若马上止泻，可加重病情，所以，应首先缓泻或通过灌肠将病理产物排出体外，以给肠道营造一个洁净的环境。

② 一般来说，首先用低浓度（0.02%～0.1%）高锰酸钾溶液灌肠，然后再用淡盐水（约0.9%）灌洗。作为消毒液的高锰酸钾，遇到脓、血、黏液等有机物时，可释放出新生态氧，使厌氧环境中生长的细菌无法生存。高锰酸钾在发生氧化作用的同时，本身又可还原为二氧化锰，而此物对黏膜具有较强的收敛作用，可使损伤的肠黏膜得到修复。

③ 淡盐水一般是在肠道病理产物清理干净后灌入的。温热生理盐水溶液可促使平滑肌自律性收缩，增进或恢复食欲。

7.4.2　灌肠方式

灌肠方式有浅部灌肠和深部灌肠两种。

（1）浅部灌肠法

浅部灌肠法是将药液灌入直肠内。常用于：病畜有采食障碍或吞咽困难、食欲废绝时，进行人工营养；直肠或结肠炎症时，灌入消炎剂；病畜兴奋不安时，灌入镇静剂；排出直肠内积粪时。浅部灌肠用的药液量：大动物一般每次1000～2000mL，小动物每次100～200mL。灌肠溶液根据用途而定，一般用1%温盐水、林格氏液、甘油（小动物用）、0.1%高锰酸钾溶液、2%硼酸溶液、葡萄糖溶液。

（2）深部灌肠法

深部灌肠法是将大量液体或药液灌到较靠前的肠管内，多用于马、骡便秘的治疗，特别是对胃状膨大部等大肠便秘更为常用。对于猪、犬等中小动物，此法适用于治疗肠套叠、结肠便秘以及排出胃内毒物和异物。

7.4.3 方法

（1）动物准备

① 大动物在柱栏内保定，安装好胸绳、臀绳、压颈绳。为防止卧下，应安装胸吊带、腹吊带。头用鼻钳子固定，尾巴吊起。中小动物于手术台上侧卧保定或行倒提保定。

② 用来苏尔或高锰酸钾液刷洗会阴部周围，毛长粘有粪球的要剪掉。保持肛门周围清洁，将污物桶准备好，然后用1%～2%盐酸普鲁卡因溶液10～20mL，在尾根下凹窝内（后海穴）与脊椎平行刺入10cm进行注射，使肛门、直肠弛缓，以便导入灌肠器。

（2）灌肠器导入

① 术者将灌肠器插入直肠端涂以润滑油，保证润滑以免损伤直肠黏膜。

② 术者戴上长臂手套，缓缓地将灌肠器前端导入直肠内，大动物要用手握住导入部分。固定好动物，防止其左右、上下移动，以免灌肠器将直肠刺破。

（3）灌肠冲洗

术者将灌肠器前端导入后，另一端安装上漏斗向内灌入溶液，或用吊桶灌注。如为浅部灌肠，将连接吊筒的橡胶管徐徐插入肛门10～20cm，然后高举吊桶，使药液流入直肠内。如为深部灌肠，可用压力唧筒向内加压，使溶液进入到深部直肠。一次注入量不要太多，适量为止。然后术者将导入端拉出，刺激动物的肛门，使其努责排出直肠内容物及粪便。为使直肠内污物排净，可重复进行直到洗出液洁净为止。若直肠给药，可通过灌肠器将药品注入，然后取出灌肠器，控制药物排出。

① 大动物深部灌肠法。将唧筒的胶管插入木制塞肠器的孔道内，或与球胆制成塞肠器的胶管相连接，缓慢地灌入温水或温的1%盐水10～

30L。灌水量的多少依据便秘的部位而定。

灌肠开始时，水进入顺利，当水到达结粪阻塞部位时则流速缓慢，甚至随病畜努责而向外反流。以后当水通过结粪阻塞部，继续向前流时，水流速度又见加快。如动物腹围稍增大，并且腹痛加重，呼吸增数，胸前微微出汗，则表示灌水量已经适度，不要再灌。灌水后，经 15～20min 取出塞肠器。

如无塞肠器，术者也可用双手将插入肛门内的灌肠器的胶管连同肛门括约肌一起捏紧固定。但此法不可预先做后海穴麻醉，以免肛门括约肌弛缓，不易捏紧。尾巴也不必吊起或拉向一侧，任其自然下垂，避免动物努责时，水喷在术者身上。在灌肠过程中，如动物努责，可让助手在动物前方摇晃鞭子，吸引其注意力，以减少努责。

②中、小动物深部灌肠法。灌肠时，对动物施以站立或侧卧保定，并呈前低后高姿势，也可行倒提保定。术者先将灌肠器的胶管一端插入肛门，并向直肠内推进 8～10cm。另一端连接漏斗或吊筒，也可使用 100mL 注射器注入溶液。先灌入少量药液软化直肠内积粪，待排净积粪后再大量灌入药液，直至从肛门流出灌入药液。灌入量根据动物个体大小而定，一般幼犬或仔猪 80～100mL，成年犬 100～500mL，药液温度以 35℃为宜。

7.4.4　注意事项

① 直肠内存有积粪时，按直肠检查要领取出，再进行灌肠。

② 避免粗暴操作损伤肠黏膜或造成肠穿孔。

③ 溶液注入后由于排泄反射，易被排出，应用手压迫尾根和肛门，或于注入溶液的同时用手指刺激肛门周围，也可通过按摩腹部减少排出。

④ 灌肠后使动物保持安静，以免引起排粪动作而将药液排出。

⑤ 对以人工营养、消炎和镇静为目的的灌肠，在灌肠前应先把直肠内的宿粪排净。

参考文献

陈北亨.2001.兽医产科学［M］.北京：中国农业出版社.

林德贵.2002.兽医外科手术学［M］.4版.北京：中国农业出版社.

崔中林.2001.现代实用动物疾病防治大全［M］.北京：中国农业出版社.

胡在钜.2009.兽医临床诊疗技术［M］.北京：中国农业出版社.

李国江.2001.动物普通病［M］.北京：中国农业出版社.

李宏全.2004.门诊兽医手册［M］.北京：中国农业出版社

李玉冰.2001.兽医基础［M］.北京：中国农业出版社.

林德贵.2004.动物医院临床手册［M］.北京：中国农业出版社.

刘钟杰，许剑琴.2002.中兽医学［M］.北京：中国农业出版社.

欧阳钦.2001.临床诊断学［M］.北京：人民卫生出版社.

孙大成，郑木明.2001.现代医学技术学［M］.北京：人民军医出版社.

唐兆新.2002.兽医临床治疗学［M］.北京：中国农业出版社.

韦加宁.2003.韦加宁外科手术图谱［M］.北京：人民卫生出版社.

谢富强.2004.兽医影像学［M］.北京：中国农业大学出版社.

熊立凡.2004.临床检验基础［M］.北京：人民卫生出版社.

曾照芳.2003.临床检验仪器学［M］.北京：人民卫生出版社.

张建岳.2003.实用兽医临床大全［M］.2版.北京：中国农业科学技术出版社.

赵汉英.2003.影像诊断学［M］北京：人民卫生出版社.

周庆国.2005.犬猫疾病诊治彩色图谱［M］北京：中国农业出版社.